Feminine Psychology

女性心理学

〔美〕卡伦·霍妮⊙著

武璐娜　任慧君⊙译

台海出版社

图书在版编目（CIP）数据

女性心理学 /（美）卡伦·霍妮著；武璐娜，任慧
君译 . —— 北京：台海出版社，2020.2（2023.1 重印）
ISBN 978-7-5168-2463-4

Ⅰ . ①女… Ⅱ . ①卡… ②武… ③任… Ⅲ . ①女性心
理学 Ⅳ . ① B844.5

中国版本图书馆 CIP 数据核字 (2019) 第 236931 号

女性心理学

著　　者：〔美〕卡伦·霍妮	译　　者：武璐娜　任慧君
责任编辑：戴　晨	装帧设计：同人文化传媒·书装设计
版式设计：同人文化传媒·书装设计	责任印制：蔡　旭

出版发行：台海出版社
地　　址：北京市东城区景山东街 20 号　　邮政编码：100009
电　　话：010 — 64041652（发行，邮购）
传　　真：010 — 84045799（总编室）
网　　址：www.taimeng.org.cn/thcbs/default.htm
E-mail：thcbs@126.com

经　　销：全国各地新华书店
印　　刷：永清县晔盛亚胶印有限公司
本书如有破损、缺页、装订错误，请与本社联系调换

开　　本：880mm×1230mm	1/32
字　　数：182 千字	印　　张：9.5
版　　次：2020年2月第1版	印　　次：2023年1月第3次印刷
书　　号：ISBN 978-7-5168-2463-4	
定　　价：68.80 元	

目 录

序　言………………………………………………………… 1

第一章　女性"阉割情结"的起因……………………………… 31

第二章　逃离女性身份——从两性角度看女性的男性情结… 52

第三章　被压抑的女性气质——精神分析对性冷淡问题的
　　　　贡献………………………………………………… 71

第四章　一夫一妻制观念的问题……………………………… 86

第五章　经前紧张…………………………………………… 103

第六章　两性之间的不信任………………………………… 112

第七章　婚姻问题…………………………………………… 125

第八章　对女性的恐惧——关于男性和女性分别对异性的
　　　　恐惧的具体差异的观察…………………………… 142

第九章　对阴道的否认——对女性生殖器焦虑问题的贡献… 160

第十章　女性性功能失调的心理因素……………………… 178

第十一章　母性冲突………………………………………… 193

· 2 ·

第十二章　过分重视爱情——对现代普通女性气质类型

　　　　的研究……………………………………………201

第十三章　女性的受虐癖问题………………………………241

第十四章　女性青春期的人格变化…………………………264

第十五章　对爱的病态需求…………………………………278

序　言

1935年，弗洛伊德说，他在1912年就达到了精神分析工作的最高境界。[1]他说："因为我提出了两种本能——性本能和死本能假说，以及本我、自我和超我（1923年），我对精神分析领域的贡献已经达到巅峰。"

1913年，卡伦·霍妮在柏林获得了医学学位，并在那里接受了精神病学和精神分析学方面的培训。1917年，她写了她的第一篇精神分析论文。[2]到1920年，她成为柏林新成立的精神分析研究所教学人员中的重要成员。1923年，她出版了一系列关于女性心理学的文章，[3]包括本书中的《女性"阉割情结"的起因》。

弗洛伊德比霍妮大将近30岁。在她获得生命中最富有成效的训练期间，弗洛伊德达到了人生的巅峰。弗洛伊德

---

[1] 弗洛伊德：《自传体研究》，贺加斯出版社，1936。

[2] 卡伦·霍妮：《精神分析治疗的技巧》，载《性科学杂志》，第4期，1917年。

[3] 霍妮写的以下几篇文章在本书中没有提及，分别是《女人的男性情结》，1927；《婚姻心理确定性和不确定性》《选择结婚对象的心理条件》，1927；《两性之间的不信任》，1930。

在1935年做出的自我评价中，部分是由于一场"致命的疾病"导致他异常痛苦，1923年之后，弗洛伊德的兴趣正在全面展开，最终在他的最后一本书《摩西与一神论》（1939年）中发挥到极致："在经历了长达一生的周游后，我的兴趣从自然科学、医学、心理疗法回到了文化问题中。这个问题在我年轻的时候就深深吸引着我，只是那时年少，还不具备思考能力。"[1]

与人类一样，科学与文化理论也有自身规律。周期和兴趣的变化反映出了一代代献身其中的学者，同样，在回顾心理分析运动的发展史时，我们发现了解释行为的不同的出现方式。[2]在本书的序言中，我们将特别强调弗洛伊德和霍妮关于女性心理学的相关理论。

天才很难超越他们自己已经建立的价值观。需要另一代人才能将这种根本性的飞跃推向科学的新范式，[3]塑造出新的大一统的宇宙观。

弗洛伊德是19世纪的产物，启蒙时代孕育了个人对尊严和理性的追求，科学世界观的方法论在自然科学方面取得了重大进展。虽然西方人仍然难以接受宇宙"日心说"，但他们还是被达尔文的进化论所震撼。很快，他们就会面对弗洛伊德关于无意识理论的挑战了。

---

[1] 弗洛伊德：《自传体研究》，贺加斯出版社，1936。

[2] 哈罗德·凯尔曼和J.W.瓦尔迈霍森：《论霍妮的精神分析技巧、发展与展望》，载于《心理分析技巧》，基础书社，1967。

[3] 托马斯·库恩：《科学革命的结构》，芝加哥大学出版社，1964。

当然，弗洛伊德所生活的环境也更加直接地影响着他的理论。他出生在奥地利摩拉维亚的弗雷贝格，那是一个被排斥的少数民族，他在一个传统的犹太家庭长大。在他的家庭中，男人是一家之主，是上帝，而女人则处于次要地位。在家里，他母亲对他偏爱有加，这进一步证实了父权制度的重要性。他生长在维也纳时代，奥匈帝国和天主教的腐朽衰败给他留下了深刻的印象，类似清教徒的虚伪和谄媚也深深地影响着他。作为一个男性天才，弗洛伊德发展出一种以男性为导向的心理学，他以解剖特征不变性为基础，"解剖决定命运"这一观点由19世纪的教条和科学方法论支撑。

弗洛伊德说："心理分析是科学的一个分支，可以预测科学的世界观。"[1]事实则被视为是与科学实验相关的数据。我们可以对事实进行观察、测量以及客观化，也可以在具有可预测结果的可重复实验中进行控制。实验可以验证这些假说，假如假说都被公开证实，那么就可以将其称为公理。

19世纪的科学关注的是基于严格决定论概念的孤立封闭系统。在受此思维影响的精神分析治疗中，精神分析师和患者居住的环境被认为是固定不变的。因此，患者被认为是弗洛伊德实验研究结构中唯一的变量，并对他们进行了治疗。同时，患者作为一个孤立的客体，符合自然科学方

[1] 弗洛伊德：《新导论》，诺顿出版社，1965。

法论。

20世纪的自然科学结构开始变得松散，并且可以接受不同程度的决定论。同样，在精神分析的情境中，环境和患者作为相互依赖的因素变得越来越重要。同时，19世纪，美学、道德和精神价值观并未受到科学的关注，因此不参与精神分析的科学方法论，而到了20世纪，它们却占据了核心位置。

卡伦·霍妮出生在汉堡一个中上阶层的新教家庭中，她的父亲是一位虔诚的基督教徒，母亲是一位自由思想家。在卡伦·霍妮十几岁的时候，曾对宗教十分热情，这在当时的少女中很常见。她的家庭在经济和社会方面都很有保障。她的父亲（Berndt Henrik Wackels Danielsen）是挪威船长，后来加入德国国籍，再后来成为北德劳埃德船运公司的船队队长。小时候，霍妮与她的父亲进行了海上长途航行，从而激发了她对旅行的热爱以及对陌生和遥远地方的兴趣。她的母亲（Clothilde Marie van Ronzelen）是荷兰人。

弗洛伊德和霍妮的出生环境有着天壤之别。弗洛伊德出生时，他的父母正处在困境之中，当时捷克民族运动掀起了反对奥地利法律的浪潮，捷克人对讲德语的犹太民族充满敌意，这使得弗洛伊德一家更陷窘境。他的父亲是羊毛商人，他所依赖的纺织业衰落，因此全家人不得不在弗洛伊德3岁时搬到维也纳。在年仅12岁时，弗洛伊德就经历了父亲被异教徒羞辱这样的事情，因而"沮丧辞职，丧失勇气"。[1]这个情景一直困扰着弗洛伊德，直到他到了中年才得以释怀，才不会再反复回忆起破灭的父亲的形象。

尽管在海上长途航行时霍妮与父亲共度了很长时间，但是她的母亲对她的影响更大。由于她父亲长期不在身边，霍妮更多的时间是与充满活力、聪明又美丽的母亲一起度过的，母亲更喜欢她哥哥本特（Berndt），霍妮也很喜欢自己的哥哥，但是在她青少年中后期，哥哥在她生活中起的作用就很不值一提了。

在19世纪末，女性决定成为一名医生仍然被视为是不走寻常路，卡伦·霍妮在她母亲的鼓励下选择了做医生。她前往柏林接受医学、精神病学和精神分析的培训。她从未在自己的著作中说明选择精神分析师这一职业的原因。她是一名优秀的学生，在班里总是名列前茅。她的能力和个性赢得了教授以及其他男同事的尊重。

1909年，她24岁，与柏林律师奥斯卡结婚，并与他一起生了3个女儿。由于二人的兴趣差异越来越大，以及后来霍妮博士将更多的精力投入到心理分析运动中，二人于1937年离婚。霍妮既是一位母亲，也是一位职业女性，她认为解除一段没有意义的婚姻，可能会使她对女性心理学的兴趣与日俱增。然而，我觉得她的兴趣更多地取决于她对精神分析的承诺、她对调查的热情以及她临床观察的敏锐性。作为一名治疗师，她的动机还在于她发现了弗洛伊

---

[1] 亚历山大和塞莱斯克尼：《精神病治疗历史》，哈勃和罗出版社，1966。

德精神分析理论与她发现这些理论应用的治疗结果之间的差异。

霍妮一生大部分时间都在柏林度过，这段时间正是德意志第二帝国和恺撒统治的兴衰时期。尽管受到这些事件的影响，她对政治仍没有很大的兴趣。虽然她肯定意识到了女性的不平等地位，但我认为，她对女性心理学的兴趣不会太大地受到她对女性社会学地位观察的影响，希特勒的崛起也不是她在1932年离开美国的决定性因素。尽管卡伦·霍妮没有转向社会行动，但她对社会问题和世界形势了如指掌，并慷慨地支持救援组织和自由主义事业。1941年，她明确了自己的反法西斯立场，并表达了她的信念："民主原则与法西斯的意识形态形成鲜明对比，民主原则支持和拥护个体独立，加强个体力量，并努力维护个体的幸福感。"[1]

最先分析霍妮的人是弗洛伊德的得意弟子卡尔·亚伯拉罕，接着是弗洛伊德的虔诚追随者汉斯·塞其思。接受这些虔诚的弟子们的分析，霍妮的观点应该更加接近于弗洛伊德，而不应该背离。

然而，卡伦·霍妮的出身家庭和早期生活经历为她提供了更广阔的视野，她对20世纪科学的出现非常感兴趣，这种兴趣肯定有助于她成为一名医生和心理分析师。在她的学生时代，她也被柏林的国际化氛围所激发，特别是剧院

---

[1] 卡伦·霍妮：《传记》，1941。

的活力和导演马克斯·莱因哈特的作品。

在精神分析的基础逐渐建立，并被世界广泛接受时，她成为一名精神分析的学员。第一次世界大战后，很快就有一群年轻又有活力的男女聚集在了柏林，随着1920年柏林精神分析研究所的成立，精神分析研究迎来了一个伟大的时刻，许多在那里教授和接受过培训的人创造了精神分析在未来50年中应遵循的基本原则。

到1923年，古典精神分析法已初具轮廓，它是一门由"五种独特观点"为特征的心理学。首先，地形学认为"精神分析是一种深度心理学，对前意识和潜意识的心理活动具有特殊的意义"。其次，"现在的行为只能通过过去来理解"，这种遗传取向意味着心理现象是"环境经验、生理发展和心理一性结构"相互作用的结果。第三，"动态观点指的是人类行为可以被理解为本能冲动和反本能力相互作用的结果"。第四，"经济观点是基于这样一种假设，即有机体拥有一定数量的能量……"

第五，从结构的角度来看，"是一个工作假设，它将人的心理机制分为三个独立的结构……本我代表的是人类本能，以解剖学和生理学为基础……本我受主要过程的支配，是以快乐为原则运作的……自我是心灵结构的控制装置……起组织和合成作用……自我的意识功能以及前意识受二级程序的影响……超我是发展心理机制的最新结构，它源于对俄狄浦斯情结的解决。因此，自我中就建立了一个新的机构，包含父母奖惩的质量和价值观。自我理想和良心是超我的不同方面……

"所有神经症现象都是自我控制的正常功能不足的结果，这导致症状形成，或特征性改变，或两者兼而有之……神经症冲突最好在结构上解释为自我的力量与另一方面的本我之间的冲突……决定性的神经症冲突发生在童年的最初几年……这个……精神分析疗法的最终目的……是解决幼儿时期的精神衰弱症，这是解决承认精神衰弱症的核心，从而消除神经症冲突。"[1]

1917年，也就是弗洛伊德制定精神分析技术原则的6年前，以及在《自我和本我》的出版之前，卡伦·霍妮在她的文章中提到精神分析技术："精神分析虽然不能给一个人新的四肢，但它可以释放一个被束缚起来的人。然而，精神分析向我们表明，我们认为的很多内在固有的东西其实仅代表了成长中的一种阻碍，这种阻碍可以解除。"[2]她的成长导向、生命肯定、寻求自由的哲学已经很明显。对她来说，那些内在固有的东西不是从生而死一成不变，而是代表了一种可能的塑性，可以通过机制环境的相互作用来改变。因此，到1917年，卡伦·霍妮定义了她的整体阻碍概念，[3]与弗洛伊德的机械主义抵抗概念形成鲜明对比。

―――――――――

[1] 格林森：《古典精神分析方法》，载《美国精神病治疗手册》，基础出版社，1959。这篇文章包含了弗洛伊德精神分析法的精髓以及近期进展。

[2] 卡伦·霍妮：《精神分析治疗的技巧》，载《性科学杂志》第4期。

[3] 凯尔曼和瓦尔迈霍森：《论霍妮的精神分析技巧、发展和展望》。

她早年形成的观点必然与支持弗洛伊德心理神经病疗法的精神分析师产生对立。尽管霍妮认识到潜意识力量的重要性，但她相信它们的维度和意义却截然不同。例如，她并不认为"动态"一词意味着本能与反直觉之间的相互作用，而认为是增长的自发力量和那些健康能量的转变为疾病之间的冲突。生物体中存在固定能量的经济概念是19世纪科学的假设，弗洛伊德认为这种科学适用于精神分析理论，这个概念也适用于牛顿机械宇宙中的孤立闭合系统。霍妮的思想具有开放性和多样性，类似于20世纪的物理学场论。尽管弗洛伊德一再强调，但他的理论不是建立在生物学上的，而是建立在唯物主义哲学上的。霍妮的理论根源在于用场域关系语言表达的整体和有机哲学，将环境和有机体定义为一个统一的过程，彼此之间相互影响。

　　霍妮1917年的观点与心理机制三分法有着巨大的矛盾，她根植于解剖学和生理学的人类自发性假设对本我和破坏性本能的首要地位提出了质疑。她的寻求自由哲学对基于绝对决定论观点的快乐—痛苦原则提出质疑，霍妮断言，由于增长受阻，人类变得具有破坏性。弗洛伊德认为升华是一个次要过程，而霍妮认为它是增长的主要无阻碍表现，因此弗洛伊德在他的自我和超我之下所包含的功能在霍妮的理论结构中具有新的含义。

　　遗传论观点认为，人类的行为只能通过过去的经验来辅助理解，霍妮的"实际情境"[1][2]概念对此提出质疑，[3]其中涉及"实际存在的冲突和解决冲突的神经症尝试"，以及"他实际存在的焦虑和已经构建的心理防御"。[4]"实际情境"的概念为当前情境下夸大或减轻现实的影响留下了余地，而在遗传论观点中，当前现实是被忽略的。

霍妮的早期观点与弗洛伊德的基本理论有许多不同之处，而在霍妮后期的观点中，这些差异更加明显。霍妮最早关注的是弗洛伊德的性欲理论和他的心理性欲发展理论，本书的文章包含了她对这些理论详细的反对情况。1917年霍妮的指导思想发生了变化，我们只能推测出使她改变的因素，而无法得到实情，因此，我们也只能总结概括一些引起她审视弗洛伊德理论的事件，尤其是弗洛伊德在性欲理论中反映出来的遗传论观点。

在她1917年的论文发表后，霍妮博士可能已经决定，在发展那篇文章中提到的观点时，应该先缓冲一下，因为那篇文章的观点与弗洛伊德哲学相差甚远。她才只是精神分析领域的一个新手，她的观点还需要数年的打磨才能成熟。弗洛伊德的性欲理论在当时为很多精神分析师重点研究，到1923年，弗洛伊德通过包含双重本能理论使它得到进一步发展。

---

[1] 同《论霍妮的精神分析技巧、发展与展望》。

[2] 卡伦·霍妮：《我们时代的神经症人格》，第7章。

[3] 卡伦·霍妮：《精神分析的新方向》，第10章。

[4] 卡伦·霍妮：《精神分析的新方向》，第10章。

霍妮补充道："在弗洛伊德最近的一些作品中，他越发开始关注我们分析研究中的片面性，我指的是，直到最近只有男孩和男人们的思想被当作调查的对象。原因很明显，精神分析是男性天才的创造，几乎所有发展它思想的人都是男性。他们应该更容易发展出一套男性心理学，同时，男性心理发展比女性更容易获得理解也是合情合理的了。"[1]

霍妮博士对女性心理学的早期兴趣也受到了临床观察的刺激，这似乎与性欲理论相矛盾，她对社会哲学家乔治·西美尔（Georg Simmel）的作品和人类学作品的兴趣可能进一步促进了她对女性心理学的兴趣。为了要给她整个人生哲学做好铺垫，这里必须将所谓的男性心理学和女性心理学解释清楚。

霍妮在接受精神分析期间以及之后，她所学、所用的弗洛伊德性本能理论是什么呢？弗洛伊德最早的理论（1895年）视性挫折是导致精神衰弱症的直接原因。他断言，在婴儿时期出现的性本能目的是消除紧张，它的目标是满足可以消除紧张的人或者替代品。根据弗洛伊德的观点，神经病患者在幻想时的行为与性变态者在现实中的行为是一样的，这样的孩子是多相变化的。弗洛伊德将"性"的概念延伸到所有身体的快感、心灵上的柔情蜜意以及生殖器的欲望得到的满足。

---

[1] 本书当中的《逃离女性身份》，第54页。

根据弗洛伊德的说法，男人的性生活分为三个时期。第一阶段是婴儿性行为，其进一步细分为口欲期[1]、肛欲期和性器期，并在俄狄浦斯情结中达到高潮。第二阶段从7岁到12岁，是潜伏期，起始于俄狄浦斯情结的解决，以及超我的建立。第三阶段是青春期，大约在12岁到14岁出现，此时生殖器已经成熟，会出现异性选择和性交行为。

弗洛伊德后来认为性欲是精神能量的主要来源，不仅在性方面如此，内驱力方面也是如此（1923年），此外，还有一个由各种性欲阶段组成的发育过程。他还假设，对象的选择源于性欲的转变，即性欲驱动可以通过反应的形成或升华来满足、抑制和处理，个性结构由处理生物学决定的本能的方式决定。他进一步假设，精神衰弱症是婴儿性行为时期的固恋和回归。

弗洛伊德直到1923年才将"生殖器首要阶段"完全阐释清楚。[2]因为这是霍妮博士关于女性心理学的论文的一个重要起点，我将引用格林森在《美国精神病学手册》中对性器期这个基本观点的解释，如下：

性器期大约出现在3岁到7岁之间，这个阶段男孩和女孩的发展是不一样的。男孩在这个时候发现阴茎的敏感性，开始手淫。通常，对于母亲的性幻想导致男生进行手淫活动，同时，男孩对父亲产生对抗和敌意，这种恋母仇父的情结被弗洛伊德称为俄狄浦斯情结。男孩在这个时候发现女孩没有阴茎，通常他们会觉得女孩是失去了这个最珍贵的器官，对母亲产生性幻想的愧疚感和对父亲的死亡愿望持续激起他的阉割焦虑。因此，他通常放弃手淫，最终进入潜伏期。对女孩来说，她发现男孩有阴茎而自己没有，就会引起她对男孩的嫉妒和对母亲的埋怨。因此，她不再将母亲当作最爱的对象，转而将这种感情寄托给父亲。阴蒂是她主要的手淫活动区，阴道未被发现。女孩幻想着从她父亲那里得到阴茎或婴儿，并对母亲产生敌对情绪。通常，因害怕失去父母的爱，她会放弃恋父情结，进入到潜伏期[1]。

尽管弗洛伊德的临床观察一直受到高度重视并且很少受到质疑，但以其为基础构建的观点已经成为争议的焦点。他经常说他的主要兴趣是调查，其次才是治疗。卡伦·霍妮的主要兴趣是治疗，因此她被高度尊崇为教师和监督分析师，[2]她在教学和培训方面的才能表现在她天生的临床研究能力。

格里高利·齐尔伯格（Gregory Zilboorg）在讨论霍妮的文章《母性冲突》时说，其中一个特征"需要进一步强调"，就是"临床精神分析……我希望，它可以抵消那些

---

[1] 格林森：《古典精神分析法》。

[2] 奥本多夫：《讣告，卡伦·霍妮》，载《国际精神杂志分析》，1953。

异常强大但是不当流行的技术问题和理论上的考虑，这些趋势常常模糊不清，也未阐明人类行为的现象"，他强调的是"临床现象的临床观察需要"。因此，"我们再次回到常年的临床真相，据此，只有根据我们对严重病理个体的深层分析所获得的知识，才能使正常和轻度神经症个体（不仅是所谓的边缘患者，还有坦诚的神经病患者）的研究成为可能"。

所有这些早期论文都表示出卡伦·霍妮对临床观察的浓厚兴趣、对数据的认真收集以及对弗洛伊德和自己提出的假设的严格验证。在她1917年写的第一篇论文中，她说："分析理论源于应用这种方法所取得的观察和经验。反过来，这些理论后来对这种实践产生了影响。"[1]首先是临床观察，然后是基于所观察到的数据的假设，这些假设在治疗情况下进一步测试时，会影响到这一特定过程。霍妮从未偏离对认真调查和临床研究的兴趣，她从未对搜索、测试、修改、变化、删除和添加新假设失去热情。

她总是从临床数据开始，可能从一个临床构造开始，转向一个摩尔假设，然后再到一个更高阶的抽象概念，不相关的较小假设被加入更高阶的一般性中，不支持一种特定配方的数据进一步测试并用新理论解释。在《女性的受虐癖问题》这篇最为贴心的论文中，霍妮评论了弗洛伊德为阴茎嫉妒假设提供的数据。她说："上述观察结果足以构

---

[1] 卡伦·霍妮：《精神分析治疗的技巧》。

建一个有效的假设观点……然而，必须认识到，这一假设观点仅仅只是假设，不是事实；它作为一个假设，也并非不容置疑。"

随着她的女性心理学理论的进化，霍妮博士在心理分析的各方面都表现得十分积极。在《逃离女性身份》中，她已经提到"我的女性发展理论"。在《对阴道的否定》中，她使用了"女性心理学作为一个整体"这一表达方式，并对弗洛伊德和海伦·多伊奇（Helene Deutsch）提出了尖锐的问题。在本文中，她反复提到"我的理论"并用她的临床数据来支持。虽然她在《女性的受虐癖问题》中的目的是对受虐狂的经典解释的批判性评价，但她将自己的想法发展成对该术语的广泛临床描述，她还推测文化条件对受虐狂问题的影响。通过这些新的视角，包括她自己的心理动力学、现象学和文化学派，她已经开始致力于《我们这个时代的神经症人格》[1]中发展的主题——文化对人的影响结果，忽视了人类的性别。

在本卷的第一篇论文《女性阉割情结的起源》中，霍妮对弗洛伊德声称的阴茎嫉妒是女性阉割幻想的主要原因提出了质疑。利用临床证据作为数据，霍妮接着解释说，男性和女性在试图掌握俄狄浦斯情结时，往往会形成阉割情结或走向同性恋。

在《逃离女性身份》中，霍妮评论阴茎嫉妒概念在假

---

[1] 卡伦·霍妮：《我们时代的神经症人格》。

定的性器期的延伸，这个概念只考虑到了男性的性器官，并且认为阴蒂就是阴茎。霍妮引用社会哲学家乔治·西美尔谈论我们社会的"本质上男性化"的方向，他说，通过"后验"推理，假设了一个主要的阴茎嫉妒，其"巨大的动力"的逻辑得以实现。

弗洛伊德的男性导向理论引起霍妮"作为一名女性"的惊讶发问："母亲身份到底怎么样？孕育新生命时候不自主的喜悦感，期待新生命降生时候与日俱增的幸福感，以及新生儿降生以后的快乐，到底是什么样的感觉？……"阴茎嫉妒概念试图否认和贬低这一切，可能是因为男性的恐惧和嫉妒。霍妮认为阴茎嫉妒是一种自然现象，但也是异性之间互相嫉妒和吸引的一种表达。由于与解决俄狄浦斯情结的问题相关，阴茎嫉妒后来发展成为一种病态的现象。

霍妮博士在《对女性的恐惧》中讨论了男性对女性的恐惧，这可能有助于男性化的阴茎嫉妒概念。纵观历史，人们将女性视为一种险恶而神秘的存在，在月经期间尤其危险。男人试图通过拒绝和辩护来对付他们的恐惧，他们做得很成功，所以女性长久以来一直忽略了这个问题。男人通过爱和崇拜来否认他们的恐惧，并通过征服、贬低和削弱女性的自尊来捍卫自己。

在这篇文章中，霍妮博士还强调，认为小男孩渴望将自己的阴茎进入母亲的生殖器是自然的虐待狂，这种说法毫无根据。因此，在没有具体证据的案例中，将"男性"

等同于"虐待狂",将"女性"等同于"受虐狂"是不合适的。霍妮一再强调"具体证据"的重要性,她还指出,实践需要建立在理论之上,没有理论的指导可能会酿成大错。即使在经验丰富的分析家身上,也会有这样一种趋势,他们认为"女性被动且受虐,男性主动且施虐"这种理论自然是正确的,这些概念在这些未经证实的理论的基础上得出了共同的说法。

霍妮博士还认为,阴茎嫉妒概念也可能源于男性对女性的嫉妒。当霍妮开始分析男性时,经过多年与女性的合作,她对男性"嫉妒怀孕、分娩、母亲身份以及乳房和哺乳行为"的强度感到震惊[1]。

格里高利·齐尔伯格是与卡伦·霍妮同时代的精神分析师,谈到霍妮的观点,比起阴茎嫉妒,"男性对女性的嫉妒在心理学上起源更久,因此更基础"。他补充道:"毫无疑问,只要有人学会揭开迄今为止涵盖了许多重要心理数据的男性中心主义的面纱,对男性心理的进一步深入研究就会产生大量有启发性的数据。"[2]

鲍斯博士是孟加拉国加尔各答市的精神分析师、印度精神分析社(1922年)的创始人,他给弗洛伊德写信道:"不像那些欧洲患者的案例,我的印度患者不存在阉割引起的相关症状。印度男性比欧洲男性更想成为女性……俄

---

[1] 卡伦·霍妮:《逃离女性身份》。

[2] 格里高利·齐尔伯格:《男性和女性》,载《精神病学》,1944。

狄浦斯的母亲常常表现的是父母亲的综合形象。"[1]作为古老时代（大约公元前5000年）的现代反映，印度文化是母系文化时，女性实行一妻多夫并且能够在日常生活的许多领域建立自己的权利，印度教的哲学、历史和文化模式对女性产生了不同的态度。

玛格丽特·米德认为，许多男性加入无文字社团时的入会仪式有想取代女性功能的意图。在这些文化中，父代母育风俗的精心设计几乎是普遍的，这种风俗可以使男性不需要忍受任何分娩的痛苦，就可以享受女性分娩后的待遇。[2]

在历史上，在母权制和父权制下都存在着和谐谦逊的时期，比较文化研究揭示了每种性别对其他人的功能和解剖学属性所感受到的健康和病态嫉妒的情况。布鲁诺·贝特尔海姆（Bruno Bettelheim）从他与健康和精神分裂症儿童的研究中发现，他对有文化群体的青春期仪式的研究表明，他们更倾向于"同化，而不是解除社会的本能倾向"，他的前提是"两性互相嫉妒彼此的生殖器及其功能"。除了对男性主导的阉割焦虑的客观强调之外，在解读青春期仪式时，他对弗洛伊德的假设"儿童的多形态倒错倾向"概念提出质疑。他更喜欢荣格的多价染色体概

[1] 鲍斯：《鲍斯与弗洛伊德的通信：1929年4月11日的信》，萨米克萨，1955。

[2] 玛格丽特·米德：《男性和女性》，威廉·莫罗出版社，1949。

念，该观点比较中性，并且可以产生多种效果。[1]

在《被压抑的女性气质》中，霍妮博士解释了认为"性冷淡是一种疾病"而非"文明女性的正常性态度"的原因。她认为性交的频率取决于"超个体文化因素"，而我们的男性主导文化是"不利于女性展露自我的"。

在《一夫一妻制观念的问题》中，霍妮面对"有利于男人的倾向性谴责"，男人自然会有"更多的一夫多妻的倾向"，她认为这是一种没有证据的断言。性交后怀孕可能性的心理意义，没有数据和足够的证据支持这样一种理论，即女性的性交冲动是由"可能的生殖本能"决定的，一旦怀孕，她的这种欲望就会减少。

在《经前紧张》中，霍妮博士提出了这样的假设，即女性感受到的各种紧张感都是由准备怀孕的生理过程直接释放出来的。每当出现这种紧张局势时，她都会想要找到"想要孩子的冲突"。霍妮博士进一步指出，经前紧张的存在并不是女性基本弱点的表现，而是与她此时想要孩子这一需求发生了冲突。霍妮认为，对孩子的渴望是主要动力，"母亲身份代表了比弗洛伊德所假设的更重要的问题"。

在《两性之间的不信任感》中，霍妮关注的是不信任的态度，而不是更常见的仇恨和敌意，她把男人对女人的恐惧与他的不安和怨恨区分开来。她引用了不同文明的文化

---

[1] 布鲁诺·贝特尔海姆：《象征性受伤、青春期仪式以及嫉妒的男性》，科利尔书屋，1962。

模式，从历史和文学时期，男性对女性的偏见以及它是如何引起不信任的。

本文还反映了霍妮博士从关注所谓的男性和女性心理学，到形成她的神经质特征结构理论，以及支配和服从模式的转变。她在《神经症和人的成长》中解释并说明了这一理论，她认为这一理论是解决"自我膨胀"和"过分谦卑"的有效方法。[1]

在《婚姻问题》中，她利用弗洛伊德关于俄狄浦斯情结以及无意识过程和神经症冲突的理论，指出了一些男性心理学对婚姻造成的不可避免的冲突。丈夫将从母亲那里遗留下来的问题带入了婚姻，他们认为女性应该敬而远之，因为她们太难取悦了。妻子将自己的性冷淡、对男性的拒绝以及作为女性、妻子、母亲身份的焦虑，还有她"想要成为男性角色的愿望……"带入婚姻。

"婚姻问题不是通过相关的责任和克己自律的斥责来解决的，也不是通过无限自由地去追求本能的建议来解决的。"解决这个问题真正需要的是"婚前双方有着稳定的感情"。从古至今，关于婚姻的文章都是在谈论给予和索取，霍妮强调"要从内心放弃对另一半的要求……我是说一定要放弃，而不是希望你放弃"。这是"神经症声称"的确切定义，她在上一本书《神经症和人的成长》中对此进行了更为谨慎的定义。

---

[1] 卡伦·霍妮：《神经症与人的成长》，1950。

尽管霍妮博士在她的文章《对女性的恐惧》中讨论了男人对阴道的恐惧，但她开始批评《对阴道的否定》中关于所谓的"未发现的阴道"的文章。弗洛伊德认为，一个小女孩不知道她的阴道，她的首要生殖器感受首先集中在阴蒂上，后来才在阴道中。霍妮博士根据自己的观察结果和其他临床医生的证据证明，阴道感觉在小女孩身上本身就存在，并且阴道手淫也很常见，阴蒂自慰是后来发展的结果。由于小女孩产生的焦虑，她以前发现的阴道被否定了。

　　弗洛伊德在他的文章《两性解剖学差异》（1925年）中指出，女性并非是女性，她们只是没有阴茎的男性。她们"拒绝接受被阉割的事实"并且"希望有朝一日能够不惜一切代价获得阴茎……我不能脱离这一观点（尽管我犹豫要不要说），在常规的道德伦理上，女性和男性是不一样的……我们不能被这种女权主义的否认结论带偏离，他们急于迫使我们去认为两性在地位和价值上完全等同"。[1]

　　弗洛伊德在结论中这样说："在亚伯拉罕（1921年），霍妮（1923年）和海伦·多伊奇（1925年）对女性的男性气质和阉割情结进行的宝贵而全面的研究中，有很多内容与我所写的内容密切相关，但并没有完全一样，所以我认为我很有必要发表这篇文章。"对弗洛伊德来说，客观地回应所有观点，尽管是间接回应，也非同寻常，这表明他

---

　　[1] 弗洛伊德：《两性解剖差异所带来的心理后果》，贺加斯出版社，1956。

也严肃地考虑过霍妮的观点。

在《论女性的性欲》（1931年）中，弗洛伊德说，在女孩发展中的前俄狄浦斯阶段，"所有与母亲依恋相关联的分析都让我觉得一头雾水……"事实上，女性分析师，例如珍妮·兰普尔·德·格鲁特和海伦·多伊奇，能够更加轻松清晰地理解那些事实，因为在研究患者的时候，她们有优势在转移局势中适应母亲替代品。但是卡伦·霍妮发现的"在转移局势下"的母亲替代品与弗洛伊德所说的并不完全相同，"有些作者倾向于贬低孩子首次的，最原始的性欲冲动的重要性，而更加重视后来的发育过程，因此将这种观点极端放大，前者所做的一切是为了证明确定的趋势，而追寻这些趋势的能量源自后来的回归和反应形成。因此，例如，霍妮（1926年）认为我们大大高估了女孩的主要的阴茎嫉妒，并且将她随后努力实现男性气质的力量归因于次要的阴茎嫉妒，这是习惯于抵挡她的女性冲动，特别是那些与她对父亲的依恋有关的冲动，这与我自己形成的印象并不一致。"[1]

如此广泛和批判性的回应表明了弗洛伊德对霍妮观点的重视，即使有他的资格免责声明——"将这种观点置于极端形式"，我觉得弗洛伊德的两个陈述值得怀疑。霍妮并没有"贬低孩子首次、最原始的冲动的重要性"，其次她没有推断或声明，他们可以说的一切是他们表示"某些趋

---

[1] 弗洛伊德：《论女性的性欲》，贺加斯出版社，1956。

势"和"后来的回归和反应形成"更强大。

在《论女性的性欲》出版后，直到1939年去世，弗洛伊德也没有再写过相关话题的文章。在《可终结的分析和不可终结的分析》（1937年）中，他提出了一些关于精神衰弱症及其治疗的最终观点，他讨论了"女性对获得阴茎的渴望，以及男性和被动的抗争"。他说："1927年，费伦齐（Ferenczi）拒绝了每一种成功的分析都要解决这两种情结的原则，他要求太多了……当我们获得阴茎，对男性的反抗愿望得以实现时，我们就穿透了所有心理学层面，突破了所有障碍，我们的任务就完成了……否认女性气质肯定是一个生理事实，是性谜团的一部分。"[1]这个问题留给了弗洛伊德和他的大多数追随者。

在他未完成的《精神学纲要》的前言中，弗洛伊德说："这个简本的目的是将所有精神分析的教义合并在一起，并用教条的方式来讲述……没有人会根据自己或他人的观察来重复，因此就无法做出独立的判断。"[2]卡伦·霍妮满足了所有要求，与弗洛伊德关于女性心理学以及精神分析理论和实践的越来越多方面的"独立判断"不一致。

弗洛伊德在大纲中讨论性功能的发展时说："第三阶段是所谓的性器期……现阶段的问题不是两性的生殖器，而只是男性的生殖器（阴茎）。女性生殖器长期以来一直是

---

[1] 弗洛伊德：《可终止的分析和不可终止的分析》，贺加斯出版社，1956。

[2] 弗洛伊德：《精神分析学纲要》，贺加斯出版社，1956。

未知的。"他在一个脚注中补充道:"常有人断言早期就会出现阴道兴奋,但这很可能是阴蒂兴奋,也就是说,阴蒂和阴茎类似,所以这一事实并不妨碍我们将这个阶段说成是性器期。"

弗洛伊德关于早期阴道兴奋的陈述可能是对霍妮的《对阴道的否定》这一文章的直接回应,她在其中讲了未被发现的阴道,阴蒂快感的首要地位、性器期的概念以及阴茎嫉妒的整体概念。更具体地针对她可能是他在讨论"分析师之间缺乏一致意见时所做的另一个评论……如果一位女性分析师,自己都不是很相信阴茎嫉妒的话,那么她在治疗患者的时候没有将这一点重点考虑也不足为奇"。[1]弗洛伊德在《论女性的性欲》[2]中的脚注中的劝诫在这里看来很切题:"使用分析作为争议的武器显然会导致没有决定。"

在她的文章《女性性功能失调的心理因素》中,霍妮博士引用了"一方面心理性欲生活和另一方面功能性女性疾病的巧合",然后询问这种巧合是否经常存在。根据她的观察,这些身体因素和情绪变化不会经常共存。然后她转到第三个问题:在心理性欲生活中的某些心理态度与某些生殖器失调之间是否存在特定的相关性?

霍妮继续以弗洛伊德的一些概念为指导,但是又给予了他们自己的解释。这在《母性冲突》(1933年)中很

[1] 弗洛伊德:《精神分析学纲要》,贺加斯出版社,1956。
[2] 弗洛伊德:《论女性的性欲》。

明显，她说："我们的基本分析概念之一是，性行为不是从青春期开始，而是在出生时，因此我们早期的爱情总是具有性特征。正如我们在整个动物王国中看到的那样，性行为意味着不同性别之间的吸引力……与同性父母相关的竞争和嫉妒因素是造成这种来源冲突的原因。"在霍妮的整体方法中，吸引力是生理性的、自然的、有益健康且自发的。

霍妮博士对文化因素的兴趣日益浓厚，这在1933年写的《母性冲突》中尤为明显。刚刚抵达美国，她就敏锐地意识到，在遇到类似的问题，她在欧洲的经验和这里完全不同，"父母（在美国）……害怕被孩子拒绝……或者他们担心他们是否给予了孩子合适的教育和培训"。

真正的科学研究可以通过前后往复运动来描述，从特殊性、观察数据到假设，所有环节相互不断检验。不同类别的数据因其相似点和不同点而相互隔离，并且在医学中将类似数据组的复发称为综合征和情结。当特定原因与特定的一组复发结果明确相关时，该效应称为疾病统一体。在物理学和人文科学中都存在一类复发共同点，类型学的方法论是一种高度发达的方法论。

在《过分重视爱情：对现代普通女性气质类型的研究》中，霍妮明确使用了人类学、社会学方法论以及类型学，她将个体和环境看作一个单独运动的领域，个体与环境之间相互影响。简而言之，她在本文中描述的"女性类型"受到文化因素以及特定本能要求的影响。霍妮进一步断言，"女权主义的父权制理想"是文化决定的，而不是一成不变的。

在《女性的受虐癖问题》中，霍妮博士面对一些源自弗洛伊德理论的未经论证的假设，即"受虐现象在女性中比在男性中更常见"，因为它们"是固有的，或者说更贴近女性的天性"，女性受虐狂是"解剖学两性差异的心理结果"。本文展示了霍妮关于这一主题的文献的详细知识、严谨而清晰的推理以及她对临床研究和人类学研究的理解。在解释了精神分析未能回答关于女性心理学的许多问题的一些原因之后，她为人类学家提供了关于寻找男性和女性存在自虐倾向的数据的指南。

她再次质疑弗洛伊德的假设，即病态和"正常"现象之间没有根本区别，"病理现象只是通过放大镜更明显地表现出所有人类的过程"。在弗洛伊德的假设中，本我（具有破坏性）的本能是基础的、自然且正常的，病态现象仅仅是量化地与正常现象不同。但是对于霍妮来说，病理学不是对健康的夸大，而是会转变成某种不同的东西，比如说疾病。弗洛伊德认为他的人性理论是普遍存在的，并且是行为的唯一解释，他在维也纳的中产阶级中抽取了一部分人作为样本，他认为这样做的真实情况将适用于所有处于不同时间和空间的人。同样的方法论错误在弗洛伊德关于俄狄浦斯情结的关系中也出现了，他认为俄狄浦斯情结是全人类普遍存在的现象，而人类学认为"在不同文化条件下，俄狄浦斯情结并没有广泛存在"。为了回答弗洛伊德认为"女性普遍比男性嫉妒心更强"这一猜想，霍妮根据自己的前提说"只有在目前德国和奥地利文化相互影响的情况下，这种陈述才可能是正确的"。

在《女性青春期的人格变化》一文中，霍妮博士从她对成年女性的观察中得出了一些结果，她说"虽然在所有情况下确定的冲突都发生在童年早期，但是第一次性格改变发生在青春期"，并且"这些变化的开始大致与例假的开始一致"，接着她继续区分四种类型的女性，并解释其中观察到的相似和差异所涉及的心理动力学。

在《对爱的神经质需求》中，霍妮博士区分了正常的爱、神经质的爱以及自发的爱，她还描述了强迫性质与自发性质的不同之处。虽然对爱情的神经质需求可以被视为"对母亲固恋的表达"，但霍妮博士认为，弗洛伊德的概念并没有澄清关于动力因素的基本问题，这些因素会导致人们在后来的生活中保留着一些童年既得的态度，或者很难改变他们婴儿时期的既得态度。在《女性受虐狂》中，霍妮博士说："弗洛伊德强调童年印象的坚韧性是伟大的科学价值之一，然而精神分析经验也表明童年曾发生的情绪反应只有当它继续受到各种动态重要驱动力的支持时，它才能在整个生命中得到维持。"这种有关过去和现在的地位的清晰而又有逻辑的描述，无疑与弗洛伊德的《论女性的性欲》大相径庭。

她再次在《对爱的神经质需求》中质疑弗洛伊德的性欲理论，他将"对爱的需求增加"视为"一种力比多现象"，霍妮觉得这个概念没有得到证实，她补充道："对爱的神经质需求其实是……口头固恋或者'回归'的一种表达。这个概念预示了一种将复杂的心理现象转移到生理因素的意愿。我相信这种假设不仅站不住脚，而且使人们对心理现象的理解更加困难。"

通过质疑弗洛伊德的性欲理论及其关于固恋和回归的观念，并通过假设生命和人类自发性作为治疗的重要性，霍妮博士对弗洛伊德的重复性强迫症理论提出异议，"阻碍发展"而不是"抵抗"，"固恋"和"回归"的概念与弗洛伊德的重复性强迫症和严格决定论的概念直接对立。

在这些早期文章中，霍妮博士表明自己是现象主义者和存在主义者。存在与拥有和行为之间的本体论区别在于《对女性的恐惧》："现在，两性之间生理差异的紧迫性之一是——男人实际上不得不继续向女人证明自己的男子气概。对她来说没有类似的必要，即使她很冷酷，她也可以进行性交、怀孕和生孩子。她只是在没有做任何事情的情况下发挥自己的作用，这一事实总是让人钦佩又怨恨。另一方面，男人必须做一些事情才能实现自我。"在男性主导的西方世界中，面对唯物主义、机械主义、基于宇宙被分为相对立的主体和客体的世界中，"效率"的理想是一种典型的男性理想。

存在主义认为，在你我之间的关系中存在交织，也存在对峙。在所有形式的交往中都有交织，包括性交，交会中人格的首要地位与我们的西方观念不同。在本书和霍妮随后的出版物中，存在主义观点变得更加发达和明确。

存在主义的观念有着深刻的根源，在中国古代的阴阳哲学中，男性和女性的本性被认为是自然且互补的，而不是对立的，只有当两性处于平衡时，生活才能达到和谐。差异作为自然状态的一种表达而被接受，并被认为是通过相似性和不同性来加入、结合和丰富自然状态的必要条件。这种取向与弗洛伊德的西方男性取向相反，这种取向使得阴茎嫉妒和男性对被动情感的抵抗具有生物学决定性。

在《对爱的神经质需求》中，生物焦虑（Angst der Kreatur），一种普遍的人类现象和一种明确的存在主义概念，构成了霍妮博士基本焦虑概念的核心，它由无助感和孤立感组成，其实质被视为潜在的敌意。健康人和神经症患者之间的区别在于，对后者来说，其基本焦虑的量会增加。神经症患者可能不知道他的焦虑，但它会以各种方式表现出来，他会试图躲避他的感受。

本文集介绍了霍妮博士关于女性心理学不断发展的观点以及她与弗洛伊德的不同之处。在面对弗洛伊德的男性心理学与她自己所谓的女性心理学之后，她为哲学、心理学，以及研究全人类生活和与多变环境互动的精神分析做好了准备。

在阅读霍妮博士早期的文章时，我们看到的是一位有智慧和经验的女性正在寻找更好的方法来减轻人类的痛苦。霍妮博士在《神经症和人的成长》的结束语中恰当地传达了本文集中的文章中所展示的思想、方法和努力，她的努力不只体现在本文集中，也体现在她一生的工作之中：
"埃尔伯特·施伟策用'乐观'表达了'对世界与生活的
肯定'，用'悲观'表达了'对世界生活的否定'。从深
层意义上讲，弗洛伊德的哲学是悲观的。我们所有人都认
识到精神衰弱症的悲剧因素，这是一种乐观的现象。"

哈罗·克尔曼
1966年于纽约

第一章 女性"阉割情结"的起因[1]

虽然我们现在对女性阉割情结的认识已经越来越全面[2]，但我们对整个情结本质的洞察并没有取得相应的进展。我们现在收集到了大量耳熟能详的资料，比起以前，我们现在取得的进展十分显著，对这种现象的认识也到达了空前的高度，因此这种现象本身就成了一个问题。

迄今为止，人们对女性阉割情结所采取的调查，从他们那里得到的观察和推论表明，到目前为止，所有普遍的概念都是基于某种基本概念的，这种表达可以简要地表述如下（我引用了亚伯拉罕关于这个主题的著作的一部分内容）：许多女性，无论是儿童还是成年人，都时不时地遭受着性别行为的影响。女性精神生活的表现，可以从拒绝成为女性一直追溯到她们还在小女孩时期就产生的阴茎嫉妒情结。她们本身就在这方面存在刻板印象，这样就会产

---

[1] 本文于1992年9月在柏林召开的第七届国际精神分析大会宣读，载《国际精神分析杂志》第9期，1923；《国际精神分析杂志》第5期，1924。

[2] 参见亚伯拉罕《女性阉割情结的表现》，载《国际精神分析杂志》，1921。

生被动的阉割幻想，而积极的幻想则源于对受宠的男性的报复态度。

在这种构想中，我们假设一个公认的事实，即女性因为生殖器官而觉得自己处于不利地位，而这正是问题本身，可能是因为男性太自恋。这点是不言而喻的，无须任何解释。尽管如此，迄今为止从调查中得出的结论，有一半的人对自己的性别感到不满，并且只能在性别有利的情况下才能克服这种不满，不仅女性自恋者如此，整个生物科学都是如此。因此，问题就出现了，真相是否是：女性所遇到的阉割情结，其形式不仅对神经症的发展有影响，同时还对女性性格的形成，以及有很正常的特定目标的女性的命运有所影响，这种不满只是因为向往阴茎而产生的吗？还是说，它只是其他力量的一个托词，而这一托词适用于大部分情况？这种动力，我们早已经在对神经症的研究中昭然若揭了吗？

我认为这个问题可以从多方面进行突破。此处，我只是希望从纯粹的基因观点出发，希望它们可以为解决方案做出贡献，在我多年的实践过程中，我不得不刻意去考虑一些因素，在那些患者当中，女性患者居多，总体来讲，她们身上存在的阉割情结非常明显。

根据流行的观念，女性阉割情结完全以阴茎嫉妒情结为中心，实际上，男性气质情结这个术语是其同义词。接着出现的第一个问题是：我们怎么能观察到这种阴茎嫉妒是一种几乎不变的典型现象，即使在女性的经历中，这个主题没有男性化的生活方式，也没有受宠的兄弟羡慕这种可理解的东西，没有"意外灾难"，这样的男性角色似乎更可取吗？

这里更重要的一点似乎是提出问题，一旦提出问题，答案就会从我们熟悉的材料中自发地表现出来。假设我们以阴茎嫉妒最常直接表现出来的形式作为我们的出发点，也就是说，在想像男人一样小便的欲望中，我们快速客观地筛选一下材料，便会发现，这种渴望是由三个部分构成的，有时是其中的一个因素发挥作用，有时是另外一个。

我能简单谈到的部分是"尿道情欲"本身，因为这个因素已经有了足够的压力，因为它是最明显的一个。如果我们想要充分评估从这个来源涌现的嫉妒，我们必须首先让自己意识到儿童有排泄过程的过度自恋估计。无所不能的幻想，特别是那些具有虐待狂性格的幻想，事实上更容易与男性传递的尿液相关联。作为这个想法的一个例子，它只是众多中的一个实例，我可以引用一些我了解到的男生学校班级的东西：他们说，当两个男孩小便交叉时，他们认为那一刻他们脑子里想到的人就会死去。

现在即使可以肯定的是，与尿道情欲有关的女孩必须出现一种处于劣势的强烈感觉，但如果像迄今为止在许多方面所做的那样，我们就直截了当地夸大了这个因素所起的作用。每个症状和每个幻想的方式都归因于它，它的内容就是像男人一样小便。

相反，这一愿望的起源和维持它的动力往往存在于其他本能的组成部分，首先是主动和被动的窥阴癖。这种联系的原因在于，只是在小便的情况下，男孩可以展示他的生殖器并看着自己，甚至允许他们这样做，并且因此他可以在某种意义上满足他的性好奇心，至少就他自己的身体而言，每次他小便的时候都可以看到尿液是通过他自己的生殖器排出的。

这个根源于偷窥本能的因素在我的一个患者身上特别明显，该患者有很长一段时间，希望像男性一样排尿，在某段时间里她的临床情况主要体现在这个问题上。在此期间，她几乎每次都要提到她在街上看到男人小便，有一次她无意识地提到："如果我可以问上帝要一个礼物，那我就能像男人一样小便一次。"这超越了所有怀疑的可能性，她的联想帮她完成了这种想法，"那时我应该知道我是如何形成的。"男性在小便的时候可以看见自己的排尿器官，但女性却不能，这一事实在这个仍处于性征前期的病人身上发展成为她阴茎嫉妒的主要根源。

女性的性器官是隐藏起来的，对于男性来说，这也曾是一个谜一般的存在，男性的性器官是可以看见的，因此这也是女性嫉妒男性的主要原因。尿道情欲与偷窥本能之间的密切联系在另一名患者中是显而易见的，我将这位女性称为Y。她手淫的方式非常特别，她站着手淫，就像她父亲站着小便一样。这名患者得的是强迫性神经症，主要会表现出偷窥本能；她在练习手淫时特别害怕被别人看到，所以她每次手淫都会产生强烈的焦虑感。因此，她表达了一个小女孩的遥不可及的愿望：我希望我也有一个生殖器，我小便时，就可以像父亲那样拿出来看。

此外，我认为，这个因素在女孩过分拘束和假正经的情况下起着主导作用，我进一步推测男女装扮的差异，至少在我们的文化中，这种差异可以追溯到以下这种情况——女孩不能展示她的生殖器官，因此，在露阴癖倾向的作怪下，她巴不得展示自己的整个身体。这也正是女性喜欢穿低领衣服，而男性喜欢穿大衣的原因，我认为这种联系在某种程度上也可以作为标准去解释男人和女人之间的差异。在该研究中，男性比较客观，而女性则更主观。这一现象可以解释为，经调查研究，男性的冲动是可以通过研究自己的身体得到满足，并且随后有可能或一定会指向外部物体；而女性女性无法通过研究自己来得到满足，因此就会觉得想要释放自我非常困难。

最后，我认定的阴茎嫉妒模型中还有第三个要素，即压制手淫的欲望，这一条虽然隐藏得很深，但却举足轻重。这一要素其实来源于（大多数是无意识的）相互联系，有了这种想法，男孩允许在排尿时抓住他们的生殖器，这种现象也被认为是在手淫。

因此，一位病人在目击父亲责备他的小女儿用小手抚摸身体的私密部位后，非常愤怒地对我说："他不让女儿那么做，但他自己一天却做五六次。"你将会在患者Y的情况里，很容易看出相同想法之间的相互联系，男性小便的方式其实是Y患者进行手淫的决定性因素。

此外，在这个案例中，我们很明显可以看到，只要她无意识地保持她本应该是男人这个想法，她就会一直受制于手淫行为。

　　我从这个案例的观察中得出的结论，我认为这个结论很有代表性：女孩子很难克服手淫行为，由于身体构造原因，男生可以做的事情，女生却不能做，所以她们觉得很不公平。

　　或者，就我们面前的问题而言，我们可能会以另一种方式来说，说这种差异是由于身体构造不同形成的很容易对女性产生伤害，因此这种说法后来用于解释女性的性别逃避，以及男性在性生活中获得更大的自由，实际上是基于早期儿童时期的实际经验。

　　范·欧普豪伊森（Van Ophuijsen）在得出关于女性的男性气质情结工作的结论时，强调了他分析的男性气质情结、阴蒂手淫和尿道情欲之间存在密切关系，这一结论给他留下深刻的印象。

　　这种联系在我之前的分析中可能也有迹象。

　　这些思考因素构成了我们关于阴茎嫉妒典型发生的原因，其初步问题的答案可以简要概述如下：

　　小女孩的自卑感（正如亚伯拉罕在一篇文章中也指出的那样）绝不是主要的。

　　但在她看来，与男孩相比，她在满足先天期最重要的某些本能成分的可能性方面受到限制。

　　事实上，我觉得如果把它当成一个事实来讲，我可以说得更清楚，从这个发展阶段的孩子的角度来看，与男孩的某些满足感相比，小女孩在某些方面处于劣势。

除非我们非常清楚这种劣势，否则我们不会理解阴茎嫉妒是女性在儿童生活时期中几乎不可避免的现象，也是女性越发展越复杂的原因。

事实上，当她成熟后，性生活中的很大一部分都落在女人身上（她们的创造力甚至在男性之上），我的意思是她成为人母后，也不会对她小时候的阶段有所补偿，因为母亲身份仍然没有直接满足自己的潜能。

我在这里打断一下，因为我现在遇到了第二个更全面的难题：

我们正在讨论的情结是否真的依赖于阴茎嫉妒，阴茎嫉妒是这背后的真正推手吗？

将这个问题作为我们的出发点，我们必须考虑哪些因素决定阴茎情结是否或多或少成功克服，或者它是否会逐渐增强以便出现固恋。

考虑到在这种情况下，这些可能性迫使我们更仔细地去研究"研究对象性欲的表现"。

然后我们发现，那些渴望成为男人的女孩和成年女性，往往在生命早期就偏爱父亲。

换种说法：

他们首先尝试以正常的方式掌握俄狄浦斯情结，保留他们与母亲的原始身份，并像母亲一样，将父亲视为爱情对象。

我们知道，在这个阶段，女孩可以通过两种方式克服阴茎嫉妒情结，并且不会对自己造成伤害。

她可能会经历从阴茎的自恋性欲望转变为女人对男人（或父亲）的渴望，这正是因为她认同自己与母亲的关系，或者转化为与父亲生育小孩的肉体欲望。关于健康和异常女性随后的爱情生活，反映（即使在最有利的情况下）起源，或无论如何，这是很有启发性的，任何一种态度的原因都是在性格上的自恋和对占有欲的性质的自恋。

在目前的案例中，这种女性和母性的发展显然已经取得了非常明显的进展。

因此，在患者Y身上，其精神衰弱症与我在这里引用的那些一样，贯穿阉割情结的印记，发生了许多强奸的幻想，这表明了这一阶段她认为对她实施强奸的男人是一个毫无疑问的父亲形象；因此，这些幻想必然被解释为一种原始幻想的强制性重复，在这种幻想中，直到晚年才感到自己与母亲在一起的病人，经历了父亲完全性侵占的行为。

值得注意的是，这位患者在其他方面完全清楚，在分析开始时，强烈倾向于将这些强奸的幻想视为现实。

其他情况也以另一种形式表现出来，类似于这种原始女性幻想是真实的虚构。

从另一位我称之为X的病人那里，我听到了无数的言论，直接证明了这种与父亲的爱情关系是多么真实。

例如，有一次她回忆起父亲给她唱情歌的情节，跟随着回忆，她的幻想逐渐破灭，她发出了绝望的叫声：

"然而这一切都是谎言！"

她的症状之一也表达了同样的想法，我想把它当作一个示例引用在这里，给类似的群体一个参考。一次她被迫吞下一大堆盐，她母亲由于肺部出血，必须吃盐，这种情况发生在患者早期的时候，那时候她还是一个学龄前的儿童，她无意识地认为这是由于她父母性交造成的后果。

因此，这种症状代表着她无意识地声称她遭受了与她母亲一样的经历。

同样的说法让她认为自己是一个妓女（实际上她是处女），这让她感到迫切需要对任何新的爱情对象做出某种忏悔。

无数个这种明显的观察结果向我们展示了在这个早期阶段，作为一个系统发育经验的个体发生的重复，在儿童基于对其母亲的（敌对的或爱的）认同的基础上构建的重要性是多么重要，她们会产生一种幻想，她自己已被父亲完全性侵占；而且，在幻想中，这种经历表现为实际发生的事实，就像在所有女性都是父亲财产的那个遥远时期一样。

我们知道，这种爱情幻想的自然命运是对现实的否定。

随后由阉割情结占主导地位的情况下，这种挫败感常常变成一种深刻的失望，其深层痕迹仍然存在于精神衰弱症中。

因此，在现实感的发展中产生或多或少的广泛干扰。

人们常常会感到这种对父亲的依恋的情感强度过于强烈，不能承认对这种关系的本质不真实的承认；在其他情况下，似乎从一开始就有过度幻想的力量，使得难以正确把握现实；最后，与父母的真实关系往往是如此不开心，因此无法去追求幻想。

这些患者感觉她们的父亲曾经是他们的爱人，后来对她们不忠，甚至抛弃了她们。

有时这又是怀疑的起点：

这件事只是我想象的，还是真实存在的？

在一个我称为Z的病人身上，我必须花点时间说一下，她的怀疑态度以重复性强迫症暴露出来，每当有吸引她的男性出现时她就会感到十分焦虑，至少她可能会只考虑他的因素。

即便是她真的已经订婚了，她也会不断说服自己，她对那件事情的想法没那么简单。

有一次她描述了一个自己做过的梦，梦中她遭到了一个男子的袭击，她上手就在他的鼻子上打了一拳，还用脚使劲踩了他的阴茎。

她继续幻想下去，她说她想将他拘禁起来，但是她又及时克制了自己，以为她害怕他会拆穿这一切都是她想出来的。

在谈到患者Y时，我提到了她的疑问，她觉得强奸幻想是一种现实，其实这种疑问和她与父亲之间的原始经历有关。

在她看来，追踪她生活中的每一件事，就有可能解决这种疑问，因此，这也是她后来患上强迫性神经症的根本原因。

　　她和许多其他人一样，分析的过程使得这种怀疑的起源可能比我们所熟悉的，关于主体自身性别的不确定性具有更深的根源。

　　患者X曾经陶醉在她生命中最早期的许多回忆中，她称之为童年的天堂，这种失望在她的记忆中与她父亲五六岁时对她施加的不公正的惩罚密切相关。

　　据了解，那个时候她妹妹出生了，她觉得父亲的爱全给了妹妹，并且不再爱她。

　　随着更深层次的了解，很明显她除了嫉妒妹妹，她还对她的母亲产生了强烈的嫉妒，这与她母亲的多次怀孕有关。

　　"妈妈总是抱着婴儿。"她曾愤怒地说。

　　更强烈的压抑是她的两个根源（无疑同等重要），她的感觉是父亲对她不忠。

　　一个是她对母亲的性嫉妒，这是因为她目睹了父母的男欢女爱；那时候，她对现实的感悟使她无法将自己所看到的东西融入父亲的爱人之中。

　　是她的一次误听使我弄清了她最后的感受来源。

　　有一次，当我谈到"失望之后"（NachderEntäuschung）时，她听成了"失望之夜"（NachtderEnttäuschung），并说到了特里斯坦和伊索尔德做爱，布朗戛纳守夜的事情。

这名患者的重复性强迫症用语言就很容易说清：

她爱情生活的典型经历是，她首先爱上了父亲的替身，然后发现他没有信仰。

与此类事件有关，该情结的最终根源变得很明显，我发现她是有内疚感的。

当然，此类感情的很大一部分是可以被理解为是对父亲的责备，然后才转向对她自己的责备。

但是可以很清楚地发现内疚感的存在，特别是那些由于她母亲而引起的强烈冲动（对于患者来说，这种认同具有"摒弃她"和"取代"的特殊意义）。她甚至产生了对灾难的期待，当然这首先指的肯定是她与她父亲的关系。

我想说一下这个案例给我留下的深刻印象，即生育孩子的重要性（从父亲的角度）。

我之所以强调这一点，是因为我认为我们倾向于低估这种愿望的无意识力量，特别是它的性欲特征，因为与很多其他性冲动相比，这种自我更容易满足。

它与阴茎嫉妒情结的关系是双重的。

一方面众所周知，母性本能从阴茎的欲望中获得"无意识的力比多强化"，在时间上，这是一种较早的欲望，因为它属于自发性欲期。

此后，当小女孩经历与父亲有关的失望时，她不仅放弃了对父亲的要求，而且还放弃了对孩子的渴望。

这种情况通过肛欲期和旧式的对阴茎需求的方式回归传承下来了。

当这种情况发生时，这种需求不仅会复苏，并且小女孩对想要一个小孩子的渴望会更加强烈。

在患者Z的情况下，我可以特别清楚地看到这种联系，在患有强迫性神经症的几种症状消失之后，最终留下的最明显的症状就是对怀孕和生育的深深的恐惧。

确定这种症状的经验证明，是在患者两岁时，她母亲的怀孕并生下一个弟弟，同时，她长大后看到父母性交，也会导致这种情况发生。

很长一段时间，这个案例似乎计算得非常精确，以说明阴茎嫉妒情结的核心重要性。

她对阴茎（她弟弟的）的嫉妒，以及她对弟弟入侵家庭，抢夺了她独生子女地位的暴怒，一旦被分析揭发出来，就会进入意识领域，使她的病情更加严重。

此外，嫉妒伴随着所有的表现形式，我们可以去追溯它：首先是对男人进行报复的态度，具有非常强烈的阉割幻想；其次是对女性任务和功能的否定，特别是怀孕；最后，还有无意识的强烈的同性恋倾向。

只有当分析在可以想象到的最大阻力下进入到更深层次时，才会发现阴茎嫉妒的来源是由于她母亲生了别的小孩，而不是因为她的父亲，因此，在这一过程中，阴茎作为主体代替了生育小孩。

同样，她对她弟弟的暴怒证明，确实是和她父亲有关的，她父亲欺骗了她，她母亲取代了患者自己，生了她弟弟。

只有当这种取代不存在了，她才可以从阴茎嫉妒中走出来，她才能不再渴望男人，她才可以成为一个真正意义上的女人，甚至是希望有自己的孩子。

这一过程中发生了什么呢？

可以粗略地概括为以下几点：

（1）嫉妒小孩子转移到了对弟弟和他的生殖器的嫉妒；（2）弗洛伊德发现了一种机制，父亲不再是爱的主体，对父亲的认同取代了对其的对抗。

后一个过程表现在我已经说过的男子气概那部分当中。

很容易证明，她的男人渴望绝不是一般意义上理解的那样，但她主张的真正含义是扮演她父亲的角色。

因此，她接受与她父亲相同的职业，在父亲去世后，她对母亲的态度就像是丈夫向妻子提出要求、发布命令那样。

有一次她的打嗝声音很大，她不禁想到一点：

"就像爸爸一样。"

这让她感到十分满意。

然而，她没有完全达到将一个同性恋当成恋爱对象这种程度：性欲对象的发展似乎同时受到干扰，结果明显回归到了自淫自恋的阶段。

总而言之，将儿童嫉妒转移到弟弟和他的阴茎上，与父亲一起辨认并回归前生殖器阶段都是朝着同一个方向运作，以激起强大的阴茎嫉妒，接着阴茎嫉妒就处于一个非常明显的位置，似乎主宰全局。

在我看来，这种俄狄浦斯情结的发展是典型的阉割情结占主导地位而导致的情况。

就所发生的事情来看，对母亲的认同阶段很大程度上让位于对父亲的认同，同时，回归到性征前期。

这个与父亲认同的过程，我认为是女性阉割情结的一个根源。

在这一点上，我想立即回答两个可能的反对意见。

其中一个可能会像这样：

父母之间的这种波动肯定没什么特别的。

相反，在每个孩子身上都可以看到，并且我们知道，根据弗洛伊德的说法，我们每个人一生中的性欲会在男女之间波动。

第二个反对意见涉及与同性恋，可以这样说：

在一篇关于女性同性恋案例的心理发生的论文中，弗洛伊德使我们相信，向认同父亲这一方向发展是明显同性恋的基础之一，但现在我所说的是与阉割情结相同的过程。

在回答中，我要强调的事实是，弗洛伊德的这篇论文帮助我理解了女性的阉割情结。

一方面，从这些案例中可以看出，性欲正常波动在数量上已经被大大超出，同时，另一方面，对父亲的爱的回归程度，以及对父亲的认同，在同性恋的案例中并不完全有成效。

因此，两个发展过程中的相似性与其对女性阉割情结的重要性并不是对立的；相反，这种观点使同性恋不再成为一个孤立的现象。

我们知道，在阉割情结占主导地位的每一种情况下，都会出现或多或少明显的同性恋倾向。

扮演父亲的角色在某种意义上说等同于对母亲的渴望。

自恋回归与同性恋对象组织之间的关系可能存在各种可能的亲密程度，因此我们在证明同性恋这一点上有了一个连续性的巅峰。

这里提出的第三种批判，是与阴茎嫉妒的时间和因果有关系的，批判如下：

阴茎嫉妒情结与父亲认同过程的关系是不是与此处描述的相反？

难道不是为了与父亲建立这种永久性认同，首先需要异常强烈的阴茎嫉妒吗？

我认为我们应该承认，过于强烈的阴茎嫉妒（无论是本质上的还是个人经验的结果）确实有助于为患者认同父亲的转变做好准备；尽管如此，我之前提到的案例的历史，还有其他案例也表明，尽管存在阴茎嫉妒，但与父亲之间的强烈又彻底的女性化恋爱关系已经形成了，只有对这种恋情感到失望时，女性的角色才会被抛弃。

这种遗弃以及随后与父亲的认同再次产生阴茎嫉妒，并且只有当它从如此强大的来源获得营养时才能使这种感觉充分发挥作用。

由于这种对父亲身份认同的厌恶，至关重要的是现实感至少应该在某种程度上被唤醒，所以，小女孩已经不再像之前那样容易获得满足。她不会像之前一样只是饱含对阴茎的渴望，她会开始思考自己为什么会没有那个器官，或者可能会假想自己也有。

这些猜测的趋势取决于女孩的整体情感倾向，它是通过以下几种典型的态度来表现的：女性对父亲的爱还没有完全减退，会对父亲产生暴怒感或者直接性的报复心态，是由于从父亲那里感受到了失望，最后，在被剥削的压力下，她们会产生很猛烈的愧疚感（有关于父亲乱伦的幻想）。

因此，这些经历总是提到父亲。

我在患者Y身上非常清楚地看到了这一点，我已经不止一次地提到过了。

我告诉过你，这个病人产生了强奸的幻想，她将这些幻想看成事实，最终这些幻想与她的父亲有关。

她在很大程度上将自我认同与父亲等同，例如，她对她母亲的态度就像儿子对母亲的态度。

因此，她梦见她的父亲被蛇或野兽袭击，那时候是她救出了父亲。

她的阉割幻想采用了熟悉的想象的形式，她会觉得自己的生理器官长得不一样，除此之外，她还会觉得自己的生殖器官曾经受过伤。

在这两点上，她产生了许多想法，主要是因为这些奇怪的想法都是强奸造成的后果。

事实上，很明显，她顽固坚持这些与生殖器官有关的感觉和想法，实际上是为了证明这些暴力行为的现实，因此，最终证明了她与父亲的爱情关系的真实性。

在进行精神分析之前，她坚持进行了六次剖腹手术，其中几次仅仅是由于疼痛进行的，这一事实足以体现幻想的重要性，以及她正在遭受的重复性强迫症的力量。还有另一个病人，她对阴茎的嫉妒以另一种完全奇异的方式表现出来，她的持续伤痛转移到了其他器官上，因此，当她的顽疾被治疗之后，临床显示她得了严重的抑郁症。

在这一点上，她的抵抗采取以下形式：

"对我进行分析显然是荒谬的，因为我的心脏、肺、胃和肠道显然是有病变的。"

她坚持着自己强烈的幻想，一次，她几乎是强求进行肠道手术。

她经常产生自己被父亲伤害的联想。

事实上，当抑郁症消失后，她的精神衰弱症最突出特征就是幻想自己会成为被攻击的对象。

在我看来，仅通过阴茎嫉妒情结来解释这些现象，很难得出满意的结果。

但是，如果我们把它视为是冲动造成的结果来重新体验，在强制的方式下，忍受由父亲带来的伤害，向自己证明痛苦经历的真实性，那么这种现象的主要特征就非常明显了。

这一系列的材料可能会膨胀式无限增加，但它只会反复表明我们需要面对的是完全不同的伪装，也就是说与父亲产生爱慕关系才导致女性需要阉割。

我的观察验证了这种假想，从个体案例看来，这种存在确实已经为我们所熟知了，它很典型也很重要，因此我倾向于称其为女性整个阉割情结的第二根源。

这种组合的重要意义在于，被压抑的女性很大一部分原因与阉割幻想有关。

或者，从继承的角度来看，女性会因此受到伤害，这导致了阉割情结，并且正是这种情结（但也不是主要的）阻碍了女性的发展。

这里，我们可能会对男性产生基本的报复态度，尤其是被阉割情结标记的女性。我们试着来解释一下其原因，它其实是源于阴茎嫉妒，以及一个小女孩对父亲不能送给她一个阴茎当作礼物而感到失望，但这并不足以说明通过深层次的心理分析揭示的大量事实。

当然，在精神分析中，阴茎嫉妒比被更深刻压抑的幻想更容易暴露，这种幻想将男性生殖器的丧失归因于父亲作为伴侣的性行为。

从事实看来，没有什么嫉妒感是依附于阴茎嫉妒的。

这种报复男性的态度频繁地指向蹂躏处女的男性。

这种解释很自然，通过幻想可知，父亲正是第一次与患者性交的人。

因此，在随后的真实爱情生活中，第一个伴侣以一种特殊的方式代替了父亲。

弗洛伊德关于处女禁忌的文章中所描述的风俗习惯有

所表述，那些蹂躏处女的行为实际上转移给了父亲的代替者。

在潜意识中，蹂躏处女是幻想与父亲发生性关系的重复，因此，当蹂躏处女这种事情发生时，所有属于幻想的因素会被重新塑造，会伴随着对乱伦的憎恶产生强烈的依附感，最终，因为对爱情的失望和因为这种行为遭受的阉割而产生报复性的态度。

至此我可以结束我的言论。

我的问题是，由阴茎嫉妒引起的女性性角色的不满是否真的是女性阉割情结的重要原因，我们可以看到女性生殖器解剖学结构在女性的心理发展中有重大意义。

此外，无可争辩的是，阴茎嫉妒确实基本上决定了阉割情结在其中表现出来的形式。

但是，因此谴责他们的女性形象的推论似乎是不可接受的。

相反，我们可以看到，阴茎嫉妒绝不排除对父亲深刻而又全身心的爱恋，只有当这种关系通过俄狄浦斯情结（尤其是对男性神经质的回应）遭受失败后，才会因为嫉妒而产生恨意。

认为自己与母亲一样的男性神经症患者，以及认为自己和父亲一样的女性神经症患者，都以同样的方式否定自己的性别角色。

从这个角度来看，男性神经症患者的阉割恐惧（在我看来，这都是神经症患者潜藏的不被重视的阉割愿望）完全符合女性神经症患者对阴茎的渴望。

这种对称性会更加引人注目，因为这个男人与母亲认同的内心态度与女性与父亲认同的态度截然相反。

这有两个方面：

对于一个男性来说，想要成为一名女性不只是与他有意识的自恋存在分歧，并且还有另一个原因，也就是说，由于成为一名女性意味着，所有集中于生殖器区域的惩罚所带来的恐惧都将成为现实。

另一方面，在一个女人身上，与父亲的认同是通过向同一方向倾向的旧愿望来确认的，并没有任何形式的内疚感，而是一种无罪释放感。

因此，从我所描述的关于阉割的想法和与父亲有关的乱伦幻想之间存在的联系，与男人相反的命运结果，也就是说作为女性本就该受到谴责。

在题为《悲伤和忧郁症》《女性同性恋案例的心理原因》以及他的《团体心理学和自我分析》的文章中，弗洛伊德越来越多地表示，认同过程在人类心理学中越来越多地出现。

在我看来，正是这种对相反性别父辈的认同，才成为任何一个性别中同性恋和阉割情结得以发展的关键。

第二章　逃离女性身份

——从两性角度看女性的男性情结

研究发现，弗洛伊德在他的最新作品中已经开始注重某些片面行为，但其实我们最近才开始研究小男孩和男人之间的思想差异。

原因其实很简单，心理分析是由男性所创造的，几乎所有推崇这种思想的人都是男性。他们应该更容易推进男性心理学的发展，他们对男性心理发展的了解多于女性，这当然是对的，也是合乎情理的。

弗洛伊德本人在发现阴茎嫉妒的存在时，就朝着理解女性化迈出了重要一步，不久之后，范·奥夫尤森和亚伯拉罕的作品展示了这一发现，他们认为这对于女性发展以及女性神经衰弱症的产生起到了重要的作用。最近性蕾期的假设进一步扩大了阴茎嫉妒的范围。我们发现，在两性婴儿生殖器组织中，只有男性的生殖器官在发挥所有的作用，正因如此，才将婴儿组织与成人的最终生殖器组织区分开来。根据这一理论，阴蒂被认为是阴茎，我们假设，女孩的阴蒂可以和男孩的阴茎看作是具有同样价值的器官。

在随后的发展中，这一阶段的影响部分会起到促进作用，部分则会起到抑制作用。海伦·多伊奇曾首先论证了抑制影响，她认为，在每一个新的性功能开始时，例如，青春期开始时，性交、怀孕和分娩时，这一阶段都会重新激活，每次都必须克服之后才能获得女性态度。弗洛伊德已经详尽的阐述了其积极作用，因为他认为只有带有阴茎嫉妒，并且克服该情结才能产生对孩子的渴望，从而能和父亲之间建立起爱的纽带。

现在的问题是，这些假设是否可以帮助我们将女性的发展变得更满意更清晰（弗洛伊德自己也说现在的发展并不是很满意很完善的）。

科学发现，从一个新视角出发去看一个长期悉知的事情，总会有富有成效的发现，否则，我们可能会不自觉的把新观点添加到已经发现的分组明确的观点中，这是非常危险的。

在乔治·西美尔的一些文章中，我明白要通过哲学的方式来看待我的新观点。西美尔在文章中的观点，以及从许多其他的方面，尤其是女性方面详尽阐述的观点如下：我们的整个文明其实是男性文明。国家、法律、道德、宗教和科学是人类创造的，西美尔绝对无法从这些事实中推断出女性是有自卑感的，其他作家也一样，但他首先给出了男性文明概念的广度和深度："艺术、爱国主义、普遍道德和社会观点的特殊需要、实践判断的正确性和理论知识的客观性，生活的能量和奥秘，所有这些都属于人文科学的形式和主张。"一般来说，对于人类而言，在实际的历史布局中，他们始终是男性化的。假设我们用"客观"这个单词来描述这些被视为绝对观点的东西，然后我们发现在我们种族的历史中，"客观的=男性的"这一公式是成立的。

现在西美尔认为，认识这些历史事实如此困难，原因在于，人类在估计男性和女性价值观的标准不是中立的，而是由性别差异产生的，但实质上都是带有男性色彩的……我们不相信纯粹的不含有性别因素的"人类"文明存在，因为有一些特殊存在的原因不允许它真的出现，也就是（可以这么说），对于"人类"和"人"的概念认知太过肤浅，在很多语言中，这两种概念甚至用同一个词来表达。现在，我不确定我们文明基础的这种男性特征是否是源于两性的本质特征，还是仅仅因为男性力量在某种程度上占有一定优势，而与文明问题没有实际的关联。不管怎么说，很多不同领域的不同案例中都会把一些微小的成就褊狭地认为是女性的成就，而将一些杰出的女性成就说成是"男子气"一般的成就，以示表扬。

与所有的科学和价值观一样，迄今为止，女性心理学都只是从男性的观点出发考虑的。不可避免，男性地位的优势应该产生客观效力，因为他们和女性之间的主观的情绪形成比较。得力厄斯认为，至今女性心理学实际上代表了欲望的沉积和对男性的失望。

在这种情况下，另一个非常重要的因素是，女性已经顺应了男性的意愿，并觉得她们的这种顺应其实就是她们的本性。也就是说，她们明白了顺应男性意愿要求她们的那种方式；潜意识中她们已经向男性思想低头。

如果我们清楚我们所有人的存在、思考和行为在多大程度上符合这些男性标准，我们就会发现个别男性及个别女性真正摆脱这种思维方式有多么困难。

还有一个问题，坦白来讲，如果还停留在理所当然地，只把男性发展考虑在其中的阶段，分析心理学只是将女性作为研究对象，那么这条路还能走多远？换句话说，正如今天通过分析所描述的那样，女性的进化在很大程度上是通过男性的标准衡量的，因此这种情况在更大程度上无法准确呈现女性的真实本质。

如果从这个角度来看问题，我们的第一印象就会令人吃惊。目前关于女性发展的分析（无论该分析图景是否正确），在任何情况下，对于男孩和女孩的典型想法都差之千里。

我们已经熟悉了男孩的观点，因此，我会用几个简洁的短语来描绘，为了便于比较，我会将我们对女性的发展观念放在一个平行栏中进行比较。

男孩的观点	我们对女性发展的思考
男孩天真地认为，女孩和他们一样都有阴茎	在两性中只有男性的生殖器才有作用
当他们知道女孩没有阴茎时	当女性悲惨地发现自己

就觉得女孩是被阉割了
女孩其实是阉割过的不完整的男孩
他们相信女孩受到的惩罚
也会威胁到他们

没有阴茎时
就会认为女孩其实之前也有阴茎
后来由于阉割
而失去阴茎
阉割被认为
是施加惩罚

男孩的观点

女孩被认为是卑微的
男孩无法想象
女孩怎么样才可以克服
这种缺陷和嫉妒
男孩对女孩的嫉妒感到害怕

我们对女性发展的思考

女孩认为自己是卑微的
便有了阴茎嫉妒
女孩永远无法克服这种感觉
她们感到有缺憾，感到自卑
她们想不断地重新掌握
她渴望成为一个男人
女孩终生都渴望
报复男人
拥有她缺乏的
东西

　　这种过于精确的一致性的存在当然不是其客观正确性的
标准，很有可能，小女孩婴儿期的生殖器组织和小男孩的
生殖器组织惊人的相似，这种相似性至今都令人信服。

　　但它肯定会引起我们思考，并考虑其他可能性。例如，
我们可能会按照乔治·西美尔的思路进行思考，并反映女
性对男性结构的适应是否应该在早期发生，并且他是否会

在很大程度上掩盖小女孩的特殊性质。后面我会回到这一点，在这一点上我确实可能会发现这种具有男性化观点的影响是发生在童年时代的。但是，我似乎并不清楚自然所赋予的一切如何被吸收到其中并且没有留下任何痕迹。因此，我们必须回到我已经提出的问题中，即我所指出的显著的平行性是否并不是在我们的观察中表达的片面性，因为它们是从人的角度出发的。

这样的建议立刻遭到了内心的抗拒，因为我们提醒自己，经验的确定基础一直是分析研究的基础。但与此同时，我们的理论科学知识告诉我们，这一理由并非完全值得信赖，因为所有经验本质上都包含着一个主观因素，即使我们的分析经验都直接来自观察资料，即使这些资料来源于我们的患者在自由联想、梦中和症状中的表现，还有一些是我们做出的解释，甚至有一些材料还是我们通过分析结论所得出的。因此，即使正确地应用该技术，理论上也存在这种体验变化的可能性。

现在，如果我们试图将自己的思想从这种男性化的思维模式中解放出来，那么几乎所有的女性心理学的问题都会呈现出不同的表现。我们感到震惊的第一个问题是它始终或者主要是性别之间的生殖器差异，这已经成为分析概念的基本点，而我们已经不考虑其他巨大的生物学差异，即不同的男性和女性在生殖功能中扮演的角色。

费伦齐闻名的生殖器理论清楚地揭示了男性思想对母性观念的影响，他认为寻求性交的真正煽动，以及对两性的真正的终极意义，都是为了回归母亲的子宫。经过一段时间的质疑，男性再次获得将自己的生殖器插入到女性的阴道中的特权。处于受支配地位的女性不得不使自己的组织适应这一生殖器，并给予某种补偿。她不得不用幻想的替代品"满足自己"，最重要的是庇护自己的孩子，这是她最大的幸福。至少，通过生育这一行为，她才有可能对男性进行否认，并从中获得快感。

根据这种观点，女人的心理状况肯定不会很愉悦。她缺乏对性交的原始冲动，抑或她至少在各个方面，或者是某一方面都受到阻碍，使她没办法真正感到愉悦。如果是这样的话，女性对性交的冲动以及通过性交获得的愉悦感无疑是比男性少的，因为她只通过间接的迂回的方式才能获得对原始冲动的一点渴望，例如：部分是通过性虐待转换的迂回方式，部分是通过所孕育的孩子来满足欲望的。然而，这些只是"补偿方案"。她最终超越男性的优势就在于分娩时所获得的快感，但这也是值得推敲的。

在这一点上，我作为一个女性感到非常惊讶，我想知道母亲这个身份是什么样的？体内孕育一个新生命的快感是什么样的？那种对新生命的出现而产生的与日俱增的不可言喻的快乐呢？当它最终出现时的喜悦，以及将他抱在怀里的时候呢？婴儿处于哺乳期时给她的深深的满足感，以及婴儿需要她照顾期间的快乐又是什么样的呢？

费伦齐在谈话中表达了这样的观点，即在冲突的最初阶段，对于女性来说，这是一个非常悲惨的结局，因为男性作为胜利者，将母亲身份以及一切相关的负担都强加给女性。

当然，从社会斗争的角度来看，母亲身份可能是一个障碍。目前肯定如此，但在人类更接近自然之后就难说了。

此外，我们是从生物关系角度去解释阴茎嫉妒的，而忽略了社会因素。相反，我们习惯了不去以数据来分析女性在社会上所处的劣势地位，而是直接将其归因于阴茎嫉妒。

但从生物学的角度来看，女性在母亲身份或母亲身份的能力方面，无疑具有不可忽略的生理优势，这一点在男孩出于男性心理对母亲身份的强烈嫉妒中表现得很明显。我们很熟悉这种嫉妒，但它很难作为一个动态因素去考虑。当一个人像我一样，在分析了很多女性之后，用相同的经验去分析男性，他会发现，男性对怀孕、生育、母亲身份以及乳房和哺乳行为都有着惊人的嫉妒心理。

根据这种从分析中得出的印象，一定会有人问，男性对母亲身份无意识的贬低，在以上的观点中没有理性地表现出来。这种贬低表现如下：实际上，女性只是渴望阴茎；当所有的事情都说完了，母亲身份只是一种负担，这种负担使生存斗争变得更加困难，而男性可能会因为他们不用忍受这种负担而窃窃自喜。

海伦·多伊奇写道，女性中的男性气质情结比男性中的女性气质情结更为重要，她似乎忽略了这样一个事实：男性嫉妒明显比女孩的阴茎嫉妒更可能成功被净化。如果不是作为文化价值的基础推动力，它肯定是一个整体。

语言本身就是文化生产力的起源。在我们所知道的历史时期，男性所具备的这种生产力无疑远超女性。男性在每个领域都有巨大的冲动性创造力，这主要是他们可以将很多相关的细节部分组合联系在一起，这样就会持续驱使他们获得一定成就作为过渡性补偿吗？

如果我们正确地建立这种联系，我们就面临着这样一个问题：为什么在女性身上找不到相应的冲动来补偿自己的阴茎嫉妒？有两种可能性：女性的阴茎嫉妒比起男性对成功的渴望是无法相提并论的；或者，在某种程度上讲，这种嫉妒很难消除。我们可以为这两种假象提出几个事实依据。

为了证明男性的嫉妒更加强烈，我们认为，如果从组织的生殖器角度来看，女性在解剖学上存在一定的劣势。从成年女性的生殖器组织来看，没有任何不同之处，因为显然女性的性交能力不比男性差。另一方面，男性在繁衍后代这方面最终是不如女性的。

此外，我们观察到，男性显然在很大程度上可以贬低女性，而女性却很难做到贬低男性这一点。当我们开始质疑现实中是否会存在这样的情况后，我们发现，女性的地位之所以会出现教条式的卑微，是因为她们对男性无意识的倾向。但是，如果男性倾向于贬低女性背后的女性自卑感，那么我们必须推断出这种无意识的贬低动力是非常强大的。

此外，从文化的角度来看，有很多人赞成这样的观点，于男性而言，女性很难摆脱阴茎嫉妒。我们知道，在最有利的情况下，这种嫉妒被转化为对丈夫和孩子的渴望，并且通过这种嬗变，它可能会丧失其作为升华动机的大部分力量。然而，在某些不利情况下，也就是我现在要讲的一些情况下，女性可能会有一种愧疚感，因此无法合理利用这种转变，而男性不会因为自己不能具备母亲身份感到卑微，因此他们毫无保留地发展全部力量。

　　在此次讨论中，我提到了弗洛伊德最近提出的一个关于兴趣的问题：儿童欲望的起源和运作问题。在过去十年中，我们对这个问题的态度发生了变化。因此，我可以简单地讲述一下这段历史从开始到结束的演变过程。

　　最初的假设是，阴茎嫉妒使儿童的愿望和男人的愿望得到了力比多强化，但是后者的意愿不会为前者所转移。随后，重点转移到了阴茎嫉妒，直到最近弗洛伊德才提出这个问题，他做出了这样一个猜想：生育孩子的愿望只能通过阴茎嫉妒和对阴茎缺乏的失望而被激发。

　　后一种假设显然源于需要从心理上解释异性吸引的生物学原理，这与果代克（Groddec）提出的问题相对应，果代克认为男孩将母亲当作恋爱对象很正常，"但小女孩怎么会变得依恋异性呢？"

　　为了解决这个问题，我们首先必须认识到，关于女性存在的男性气质情结的资料来自两个非常重要且不同的地方。首先是对儿童的直接观察，其中主观因素起着相对微不足道的作用。那些没有受到恐吓的小女孩都坦白地表达了自己的阴茎嫉妒情结，而且并未表现出尴尬。我们可以看到这种嫉妒的存在是很典型的，并且很清楚为什么会这样；我们明白拥有少于男孩的自恋耻辱是如何被不同的前期性关器官的劣势感强化的：男孩关于尿道性欲、偷窥本能以及手淫的明显特权。

我建议使用"初期的"来描述女孩的阴茎嫉妒，因为很显然这种嫉妒是基于解剖学的。

从成年女性的材料分析中，我们可以通过经验得出第二个来源。对此进行判断自然是一件很难的事情，因而主观因素在这里占了很大的比重。在这里我们可以看到，阴茎嫉妒在这里发挥着很大的作用。我们看到患者排斥她们的女性功能，这种行为表明她们在潜意识里就渴望成为男性。我们发现了以下一些幻想："我曾经有过阴茎，我是一个被阉割后又肢解的男人"，由此产生自卑感，这对于各种偏执抑郁症想法都会产生后续影响。我们看到明显的仇视男性的态度，有时以贬低的形式出现，有时甚至想要阉割或残害他们，我们看到这些因素是如何影响和决定某些女性的整个命运的。

在以男性思想为导向的情况下，我们很自然地可以得出这样的结论，我们会将这些印象与初期的阴茎嫉妒联系起来，并推出后面的事情。阴茎嫉妒具有很高的强度，有很大的活力，因为它很明显可引起诸如此类的效应。这里我们忽略了这样一个事实，我们更多的是对情况的概括估计，而忽略了细节，从对成年女性的分析中我们早已熟悉她们想要成为男性的欲望，这与婴儿早期的初始阴茎嫉妒没有什么关系，但它是一种次要构成，包括了在向女性身份发展过程中的一些失败的东西。

自始至终，我的经验清晰地证明了女性的俄狄浦斯情结（不仅在受试者非常悲伤的极端情况下，而是在正常情况下）在每种可能性和细微差别中导致了阴茎嫉妒的回归。在一般情况下，男性和女性俄狄浦斯情结的结果之间的差异在我看来如下：对于男孩子来说，由于害怕被阉割，所以放弃了将母亲作为性交对象，但男性本身的角色不仅在进一步的发展中被确认，还反映在对阉割恐惧的过度强调中。在男孩的潜伏期和青春期前以及在以后的生活中，我们通常可以清楚地看到这一点。另一方面，女孩不仅会放弃将父亲作为性交对象，还会同时放弃自己的女性身份。

为了了解女性对自己身份的逃离，我们必须考虑与婴儿早期手淫相关的实例，这是由俄狄浦斯情结引起的一种冲动性生理表现。

男孩身上的情况进一步变得清晰，或者也许只是我们知道的更多了一点。这些事实对我们女孩来说是非常神秘的，难道只是因为我们总是透过男性的视角来看待他们吗？在以下情况下更是如此，我们不允许小女孩有特定形式的手淫，但却会直接把她们的行为视为像男性一样的手淫；我们认为差异必须存在，并把它们分为积极和消极两种差异，比如在手淫的焦虑的案例中，在对阉割的恐惧和阉割真实进行时。我的分析经验告诉我，小女孩只有一种特定的手淫方式（在方式上肯定是与小男孩不一样的），尽管我们假定小女孩可能会通过阴蒂手淫，但这种假设是不确定的。我不明白为什么，不管过去是如何演变的，总有人认为阴蒂不是合法的女性器官，且不会形成女性的生殖器官。

从成年女性的分析材料来看，在女孩生殖器发展的早期阶段，她们是否有生殖器阴道敏感都很难确定。在一系列案例中，我可以得出这样的结论，后面我会将我得出的这些结论当成基础材料直接引用。从理论上讲，之所以会出现这种感觉，在我看来很可能是由于以下原因：毫无疑问，幻想一个粗大的阴茎正在强行进入女性的身体，这会引起疼痛，同时会出血，甚至会破坏一些结构，以父亲和孩子器官的比例大小为对比基础，这些熟悉的幻想可以表现出女孩基于恋父的俄狄浦斯情结（依照儿童可塑的具体思维）是具有实际意义的。我也认为，俄狄浦斯的幻想以及对内部即阴道损伤的逻辑上的恐惧都表明阴道和阴蒂必须被认为是早期婴儿生殖器官组织中的一部分。人们甚至可以从后来的性冷现象中推断，与阴蒂相比，阴道的性欲更加集中（源于防御焦虑和尝试），这是因为乱伦愿望无意识地指向阴道。从这个角度来看，性冷淡其实是一种避开对自我充满危险幻想的尝试。这也为不同作者坚持的，出现在分娩或者恐惧生产中的无意识欣喜提供了一种新思路。因为（只是因为阴道尺寸与婴儿的比例，以及生产所带来的疼痛）分娩在很大程度上，比随后的性交更能代表潜意识实现早期乱伦幻想，并且这种实现是没有任何愧疚感的。女性生殖器焦虑，就像男孩的阉割恐惧一样，印象中总是带有内疚感，并且这种愧疚感是持续不断的。

此种情景下的另一个因素，与一个向着相同方向发展的因素，就是对男女两性解剖上的不同结果。我的意思是男孩可以检查他的生殖器，看看手淫的可怕后果是否正在发生；而女孩在这一点上确实处于盲区中，处于完全不确定的状态。对阉割焦虑非常严重的男孩来说，这种对实现可能性的测试并不重要，但是对轻微恐惧的男孩来说，这一点频繁发生，因此是很重要的，我认为这种差异也十分重要。无论如何，我所分析的女性所揭示的分析材料让我可以得出结论，这个因素在女性精神生活中起着重要的作用，并会引起女性内心经常性的不确定感。

在这种焦虑的压力下，现在女孩选择在神秘的男性角色的庇护下逃离女性身份。

这种逃离会有什么经济收益呢？在这里，我将提到所有分析师可能拥有的经验：他们发现，人们通常愿意接受女性成为想要成为一个男性这种意愿，一旦这种想法被接受，女性就会紧紧抓住，其原因是希望避免实现与父亲有关的性欲望和幻想。因此，成为男性的愿望可以压制女性本身的愿望，或者避免女性暴露本身的愿望。如果我们严格按照分析原则来的话，不断出现的典型经验驱使我们去做出决定，想成为男性的幻想是早期为了保护女性不受与父亲相关的性欲望困扰而设计的。成为男性的幻想使女孩摆脱了现在背负着内疚和焦虑的女性角色，的确，这种偏离自己的方式与男性的方式的尝试不可避免地带来一种自卑感，因为女孩开始用自己特定的生物性质所陌生的自负和价值来衡量自己，对此，她不曾感到满足，但也无力改变。

虽然这种自卑感是非常折磨人的，但分析经验着重告诉我们，与有关女性态度的内疚感相比，自我更易于接受和容忍自卑感，所以毫无疑问，当女孩逃离内疚感危机之后，进入到自卑感的旋涡中时，便会获得自我。

为了完整起见，我将增加一个女性对父亲产生认同过程的同时收获的一些东西作为参考。我对这个过程本身的重要性一无所知，也没有提到我在之前的工作中已经说过的内容。

我们知道，这种对父亲认同的特殊过程可以回答这样一个问题，即为什么逃离父亲的女性愿望总会导致男性态度的形成。与已经说过的内容相关的一些反思揭示了另一种观点，这种观点对这个问题有所启发。

我们知道，只要性欲在其发展中遇到障碍，早期的组织阶段就会被逐步激活。现在，根据弗洛伊德的最新作品，阴茎嫉妒形成了把父亲当作真正恋爱对象的初级阶段。因此，弗洛伊德所提出的这一思路有助于我们理解内心需求，只要它被乱伦障碍驱赶，性欲就会精确地流回到这个初步阶段。

原则上，我同意弗洛伊德的观点，即女孩通过阴茎嫉妒发展出了主观爱情，但是我认为这种进化的天性也可以通过其他形式进行描述。

因为当我们发现早期阴茎嫉妒很大原因只能通过俄狄浦斯情结的倒退而产生的时候，我们必须抵制诱惑，把这种自然原则的表现解释为两性之间的相互吸引。

因此，面对这个原始生物学原理在心理上应该如何构思的问题，我们不得不再一次承认自己的无知。事实上，在这方面，我越来越强烈地认为这样的猜想是可靠的，也许因果关系恰好相反，正是早期形成的异性吸引了小女孩对异性的阴茎产生性吸引。正如我之前所述的那样，这种兴趣与发展水平相一致，并首先以手淫和自恋的方式出现。如果我们这样看待这些关系，那么关于男性俄狄浦斯情结的起源，逻辑上就会出现新问题，我希望在后面的文章中讲这些问题。但是，如果阴茎嫉妒是对性别的神秘吸引力的首要表达，那么当分析揭示它在更深层次中的存在，而不是对孩子的渴望和对父亲的温柔依恋时，就没有什么值得怀疑的了。这种对父亲的温柔态度不仅仅是因为对阴茎的失望，还另有原因。然后，我们应该将阴茎中的性欲望视为一种"偏爱"，以便使用亚伯拉罕的术语。他说，这种爱总是真正主体爱的初步阶段。我们也可以通过以后生活中的类比来解释这个过程：我的意思是，羡慕嫉妒其实是导致对爱的态度的一种精确表达。

这种回归很容易产生，我必须提到分析发现，在女性患者的关联中，拥有阴茎的自恋欲望和对它的渴望的对象往往是如此交织在一起，以至于犹豫不决就意味着"渴望它"。

再说一点，关于严格意义上的阉割幻想，整个情结都用了这个名字，是因为它们是最显著的一部分。根据我的女性发展理论，我会将这些幻想视为次要形式。我想它们的起源如下：当女性将虚构的男性角色当成避难所时，她的女性生殖器焦虑在某种程度上转化为男性概念——对阴道损伤的恐惧变成了阉割幻想。女孩因这种转变而获益，因为她交换了她对惩罚期望的不确定性（由于在解剖学上形成的不确定性），以获得一个具体的概念。此外，阉割幻想也在之前内疚感的阴影笼罩之中，并且阴茎可以作为无罪的证明。

现在，这些成为男性角色典型的动机起源于俄狄浦斯情结，这些动机得到了在社会生活中劳动的，处于劣势地位的女性的巩固和支持。当然，我们必须认识到，渴望成为男性是将这些无意识动机合理化的一种特殊形式。但我们不能忘记，这种劣势实际上是一个现实，并且它比大多数女性意识到的还要广泛很多。

乔治·西美尔说："从社会学上讲，男性之所以很重要，是因为他们有强大的力量地位。"从历史上看，两性关系可能被粗略地描述为主人和奴隶的关系。在此，与往常一样，"主人的特权之一是他没有总是认为他是主人，而奴隶的位置是他永远不会忘记自己是奴隶"。

在分析文献中，我们可能在解释时低估了这一因素。实际上，女孩从刚出生就被灌输自己不如男性这种思想，不论是以粗暴的方式，还是以灵活一点的方式，她们总是被告知自己不如男性，因此，这种经历不断刺激她的男性气质情结。

还需要进一步考虑，迄今为止，由于我们的文明纯粹男性化的特征，女性更难以实现真正满足其本性的任何升华，因为所有普通职业都被男性所填补。这一点已经对女性的自卑感产生影响，因为在这些男性职业中，她们自然无法像男性一样完成那些工作，因此她们的卑微似乎存在事实基础。在我看来，女性想要无意识逃离女性身份的动机，实际上是被女性的实际社会地位所强化，但具体的程度很难说。人们可能认为这种联系是心理因素和社会因素的相互作用，但我只能在这里指出这些问题，因为它们非常严重，因此需要单独调查。

同样的因素必然会对男人的发展产生不同的影响。一方面，他们对他的女性意愿产生了更强烈的压抑，因为这些都是自卑的耻辱；另一方面，男性想要自己成功升华就简单得多。

在前面的讨论中，我对女性心理学的某些问题进行了构建，这在很多方面与现有的观点相悖。可能我所描述的是与现实相反的，甚至是片面的，但我在本文中的主要目的，是指出观察者的性别可能是导致错误的来源，并通过这些工作朝着我们都在努力达到的目标迈出一步：要超越男性或者女性的主观性，描绘出女性心理发展的画卷，这幅画卷更加接近真实又自然的女性心理。迄今，它将比我们之前所达到的目标更高更精确，并且我们将会用不同于男性的品质和差异来对女性心理进行描绘。

第三章　被压抑的女性气质[1]

——精神分析对性冷淡问题的贡献

随着女性性冷淡问题的不断涌现，出现这样一个奇怪的现象：医生和性学家们在看待这一问题上持有截然不同的态度。

对于个体的重要性而言，一组专家将性冷淡同男性身上潜在的权势干扰做比较，因此，他们认为这两种现象其实都是一种病态。除此，性冷淡现象在生活中出现的频率之高，更使得这种现象及其病因引起人们的强烈关注。

另一方面，性冷淡的频繁出现导致这样一种现象：那就是人们不会认为性冷淡是一种病，而是将其视为是一种正常文明女性的性态度。无论用什么科学假设来证明这个概念，[2]他们都得出结论，医生是没有理由也没有机会通过干预治疗来治愈性冷淡的。

---

[1] 《被压抑的女性气质：精神分析对性冷淡问题的贡献》，载《性科学杂志》第13卷，1926-27。

[2] 这篇文章的主题参考文献见麦克斯·马克尤斯的《性问题的神经症》，载莫尔的《性科学手册》第3版，1926。

人们通常认为，普遍的争议，不管是赞成还是反对，不管强调的是社会因素还是遗传因素，都是建立在强烈的主观基础上的，因此，这些争议不会引导我们对问题进行概括并得出真实的结论。精神分析科学从一开始就采取了不同的方向，就其本质而言，必须遵循这一方向，这是对个人及其发展的医学——心理学观察。

如果我们想知道这条道路在多大程度上可以让我们更接近问题的解决方案，我们似乎最终会期待以下两个问题的答案：

（1）根据我们的经验，哪些发展过程会导致特定女性形成性冷淡这一症状？

（2）女性的性欲衰退，这种现象有何意义？

从理论上讲，同样的问题可以用以下方式表达：性冷淡是一种孤立存在的现象吗？它是不是并不重要？或者它与心理或身体健康方面真的密切相关吗？

我用粗略的语言来说明一下这些问题的意义或可能的价值，我的回答可能不是很完美，所举的对比的例子也可能不是很准确。假设我们对引起咳嗽的病理一无所知，我们可能会去推测引起咳嗽的可能因素，咳嗽到底是一种病，还是仅仅是个人表现出的一种生理现象？我们不太清楚，因为毕竟很多人在咳嗽的时候其实并没有生病。然而，只要我们一直无视咳嗽与事实上的深层干扰之间的关系，关于咳嗽的不同意见就会一直存在。

尽管这个比喻存在明显的漏洞，但我的出发点是很简单的，也很易于理解。性冷淡可能就像咳嗽一样，它只是一种暗示身体内部出现问题的信号。

然而，一定又会有这样的疑问出现。我们知道许多患有性冷淡的女性身体健康，又很能干。但是，由于两个原因，这种反对意见并不像第一眼看上去那么令人信服。首先，只有对个例进行详尽的调查才能证明是否存在难以识别或与性冷淡相关的干扰。例如，我在思考人格困难或生活中的计划失败时，会把这些错误归咎于外部因素。其次，我们必须考虑到，心理结构不像机器一样僵硬，如果只有一个点存在缺陷或固有的弱点，那么整体就是有问题的。相反，我们有相当大的能力将性力量转变为无性力量，因此可能以文化上有价值的方式成功地将其升华。

在进入对个人性冷淡的起源讨论之前，我想先看看我们实际上经常发现的与之相关的现象，我会把自己的讨论范围局限于那些或多或少处于正常范围内的现象。

无论我们是否将性冷淡视为有机或心理条件限制，它都是对女性性功能的抑制，因此，发现性冷淡与其他特定女性功能受损相关并不是什么令人惊讶的事情。我们在很多案例中都可以看出例假最多样化的功能性紊乱，包括例假周期不规律、痛经、过度紧张、易怒或者虚弱，例假通常会提前八到十四天，而且每次都会对心理平衡造成严重的破坏。

在其他情况下，困难在于女性对待母亲身份的态度。在某些情况下，她们会用一些合理化的形式拒绝怀孕。另一些情况下，由于缺乏明显的器官条件而导致流产。还有，我们会遇到很多对怀孕持有抱怨态度的女性，在分娩过程中可能会出现神经症焦虑或劳动力功能减弱等干扰。在其他女性中，从完全失败的母乳喂养到神经衰弱的极端情况，抚养婴儿变得十分困难。或者我们可能找不到对孩子的正确的母性态度。我们可能会看到那些易怒的，不能给予孩子真正温暖的母亲，她们更倾向于把孩子留给女性家庭教师来照顾。

类似的事情也经常出现在女性对家务的态度上。家务劳动被高估了，变成了对家人的折磨，或者让她过度疲惫，就像任何不情愿的任务都会变成一种负担一样。

然而，即使引起女性性功能紊乱的这些因素都不存在，女性对待男性的态度还是会规律性地被削弱，不再是铁板一块。我会在另一篇文章中讲这些干扰的本质，在这里，我只想说这么多：无论她们是处于冷漠还是病态的嫉妒，不信任还是愤怒，在索取还是在顾影自怜，对情人有需求还是渴望亲密关系，她们都有一个共同点，那就是没有能力去维持与异性的完整爱情关系（包括肉体方面和精神方面）。

如果在分析过程中，我们对这些女性的无意识心理生活有了更深入的了解，我们通常发现，这一类人是非常拒绝女性角色的。这是更加引人注目的，因为这些女性的有意识的自我往往不包含这种主动拒绝女性气质的证据，相反，她们的普遍外表以及意识形态都是有女性气质的。

事实表明，性冷淡的女性甚至可能具有色情反应和性欲要求，这一观察结果告诉我们性冷淡不等于拒绝性行为。实际上，就我们所遇到的情况中，就更深层次研究，女性其实很少有拒绝性行为的，但是她们扮演女性特定的角色。如果这种厌恶上升到意识形态，那么它通常会由于诸如对女性的社会歧视或一般对丈夫或男人的指控等因素而被合理化。然而，在更深层次上，它其实是另一种可以辨别的动机，是女性或多或少对男性气质的强烈愿望或幻想。我想强调的是，我们已经处于无意识领域之内。虽然这种愿望可以是部分意识，但女性通常不知道自己所处的程度和更深刻的本能动机。

女性的所有的感受和幻想情结，比如被歧视情结，对男性的嫉妒，希望成为男性，想要抛弃女性角色，这些我们都称之为"女性的男性气质情结"。它对健康或亚健康女性，包括一些神经衰弱的女性的生活产生了巨大的影响，因此我只能大致概括一下这些影响的大致方向。

在某种程度上，女性对男性的嫉妒非常明显，这些愿望表达了她们对男性的怨恨，对男性的拥有特权的发自内心的不满。这种感觉类似于工人对雇主隐藏的敌意一样，他们每天通过成百上千种游击战的形式，努力去战胜他们的雇主，或者在心理上削弱雇主的地位。简而言之，我们乍一看就会辨别出其形式，因为它存在于无数婚姻中。然而，与此同时，我们看到同样贬低所有男人的女人，她们却从心底认为男性比自己具有更多的优越感。她们不相信女性能够取得任何真正的成就，反而更倾向于赞同男性对女性的漠视。虽然她自己不是男性，但她至少渴望去分享男性对女性的评价。这种态度经常与男性的贬低倾向交替出现，因此人们会想起狐狸和酸葡萄的故事。

此外，这种无意识的嫉妒常会使女性忽视自己的美德。即使是母亲身份，也被她们当成是一种负担。一切都是根据男性来衡量，也就是说，通过一个本质上与她无关的标准来衡量自己，会很容易造成妄自菲薄。因此，我们现在发现，即使在获得公认的有很大成就的天才女性当中，也存在很大的不确定性。这种不自信是由她们内心深处的男性气质情结导致的，并且可能会在面对批评时表现出极度敏感或腼腆。

另一方面，这种被命运摧毁及歧视的感觉对她造成了一定的伤害，这会导致她无意识地要求生活对她进行补偿。与这些主张的起源一致，她们实际上永远不会得到满足。人们习惯于将女性的这种永恒的需求和永恒的不满解释为是由于整体性生活没有得到满足，但更深刻的研究清晰表明，这种不满足很可能是由于男性气质情结导致的。经验证明，男性强烈的无意识的要求是很难被女性态度所支持的，如果男性不作为性伴侣完全被拒绝，那么加上女性内在主张的逻辑，就必然会导致性冷淡。反过来，性冷淡可能会加剧上述的自卑情绪，因为在更深层次上，性冷淡被确诊为爱无能，并且无药可救。这通常与把性冷淡的有意识的道德评价，作为体面或贞洁的表现是完全相悖的。反过来，这种对性领域缺乏的无意识感觉很容易导致其他女性的神经性强化嫉妒。

男性气质情结的其他后果更深入地植根于无意识中，并且如果没有对无意识机制的确切知识，就不可能被理解。许多女性的梦想和症状清楚地表明，她们基本上不具备本该有的女性气质。相反，在她们无意识的幻想生活中，她们已经在持续着自己的假象，认为自己就是男性。她们认为，她们已经为一些影响所伤害。为了保持这些幻想，女性生殖器被认为是一种病态且受损的器官，这一概念后来可以通过例假的证据一次又一次地被证实和激活，尽管这类女性有自己的意识，也接受过良好的教育。与这种性质的无意识的幻想保持联系会很容易导致以上提到的月经困难，而且还会引起性交中的疼痛以及一些妇科方面的障碍。

在其他情况下，这种想法、抱怨和忧郁症的恐惧往往与生殖器本身没有联系，但它们可能会被转移到其他可能的器官。只有对精神分析材料进行详尽的分析，就像写论文会超出其既定框架一样，我们才能对个例的进展有更深刻的见解。人们只有通过对过程本身进行分析，才能对这些无意识的男性气质情结有更深刻的了解。

如果在这些女性的心理发展中寻找这个好奇的情结的起源，人们通常可以识别并直接观察到童年阶段，在此期间，小女孩确实很羡慕男孩的生殖器。这是一个成熟的发现，可以通过直接观察来进行验证。分析性解释毕竟是主观的，这些对观察者起不到什么作用，而且即便是有些已经近乎被证实，但也可能会面临强烈的质疑。无论何时，评论家都不能质疑儿童可能表达这种观点的事实，即便他们会试图否认自身发展的意义。他们表示，在某些女孩身上可能会观察到这样的愿望甚至是嫉妒，但这只不过是对另一个孩子的玩具或糖果所表现出来的嫉妒。

因此，请允许我提及这样一个观点，它可能是使我们对这种观点感到疑惑的原因，即在发展成心理分化之前，身体的意义在幼儿的生活中发挥的作用更大。这种对身体的早期态度使我们成年欧洲人感到奇怪，但是，我们可以看到，那些对性行为认知很天真，并且极少表达自己的性观点的人，他们公然崇拜生物体的性器官，尤其崇拜阴茎，他们认为阴茎是很神圣的，并且具有神奇的力量。这些阴茎崇拜背后的思维模式与儿童的思维模式密切相关，因此，熟悉儿童思维的人，就会很了解这种思维模式。反之，这种思维模式也有助于我们去了解儿童的心理世界。

如果我们现在将阴茎嫉妒作为实际经验来谈的话，那么就会很容易出现反对意见，并且我们很难用理性的思维来驳斥这种反对。这种意见主张的是，女孩子根本没有任何理由去嫉妒男孩子。在她的母亲身份能力方面，她有着毋庸置疑的生理优势，因此人们宁可进行反面思考，认为男孩子会在意识深处嫉妒女孩有做母亲的能力。我想简单说一下，这种现象确实存在，并且会产生强烈刺激，会增强男性的文化生产力。另一方面，相对男孩而言，小女孩在早期还没有意识到她的未来优势，因此小时候她们会觉得自己不如男孩。

尽管如此，用批判的眼光来看待阴茎嫉妒言过其实的言论时，也不是完全无厘头的。因为实际上，后来生活中的男性气质情结以及它频繁的灾难性后果并不是这个早期发展时期的直接产物，而是经过复杂的迂回之后才出现。

为了理解这些条件，人们必须认识到阴茎嫉妒的态度是一种自恋的态度，它的指向是自我，而非客体。对于一个正常女性的发展来说，这种自恋式的阴茎嫉妒几乎完全淹没在对性的渴望中，她们渴望拥有自己的老公和孩子。这种经历与以下观察非常吻合：女性在女性气质中安然无恙，没有任何迹象可以表明她们有以上提到的男性气质情结。

然而，精神分析的见解表明，必须满足许多条件才能保证女性的这种正常发展，并且在发展过程中可能存在同样多的障碍或干扰。心理性欲发展的进一步决定性阶段是与家人发生的首次客观关系，在这个阶段，心理性欲的发展在个体处于三岁到五岁之间会达到顶峰，此时由于不同因素的介入，导致女孩会从自己的女性角色中退出来。例如，对哥哥的过分偏袒通常会对小女孩男性气质情结的形成有很大的推动作用。早期的性观察在这方面有更持久的影响，尤其是在性活动要避开孩子的环境下，这种情形更显得真实，而与此形成鲜明对比的是，孩子们会渐渐变得古怪又自闭。孩子在一周岁之内经常看到父母性交，在这一阶段，孩子会以为母亲被强暴、被伤害、被折磨，甚至会引发疾病。观察到母亲经期流血，会更加加深孩子的这种看法。而孩子偶然见到的，如父亲真正施暴，或者母亲真的生病，那么他们所认为的女性地位不稳定，时常面临危险，这种观念会被加深。

这一切都会影响到小女孩，因为它发生在首次性发展的高峰阶段，在此期间，她会无意识地认为自己的本能要求和母亲的是一致的。这些无意识的本能要求可能会产生另一种与之相似的冲动，也就是说，这种早期对父亲的女性性爱态度越强烈，往后出现对父亲的失望，或对母亲的负罪感时，其危险性也越大。此外，这些影响与女性角色密不可分。这种与内疚感的联系尤其会受到手淫威胁的影响，众所周知，手淫是这个阶段的性刺激的生理表达形式。

由于这些焦虑和内疚感，女孩可能会完全脱离女性角色，为了安全起见，在虚构的男性气质中避难。男性气质的愿望原本源于一种天真的嫉妒，这种嫉妒本身就注定要早早消失，现在却被这些强烈的冲动拖着，并且在这一点上，可以展现出我上面所说的巨大影响。

非精神分析性思维更倾向于先考虑对晚年性生活的失望。我们有时会发现，如果男性不能从女性那里满足自己的性需求，他们也许就会转向同性对象。我们当然不应该低估这些后来的事件，但我们的经历提醒我们，性生活中的这些后来的不幸可能是由童年时期已经形成的态度引发的。另一方面，即使没有后来的经历，所有这些结果也可能会发生。

一旦这些无意识的男性气质主张得到控制，这位女性就陷入了致命的恶性循环。虽然她最初从女性角色逃到了幻想中，但是一旦被确定进入幻想中的男性气质庇护所中，就会使她更加拒绝进入女性角色，甚至还会瞧不上女性角色。一个女性，将自己的生活置于这种无意识的掩饰之下，基本上会受到两方面的危险：一方面是自身对男性气质的渴望，因为这动摇了她对自我的情感；另一方面是她压抑的女性气质，因为总会有一些经历提醒她自己是女性这一事实，这是无法避免的。

文学作品为我们描述了一个在此种矛盾之下被摧毁的女性的命运。在席勒的小说《奥尔良少女》中我看到了她的影子，这本小说刻画了一个宏伟且壮观的历史轮廓，我们在历史中看到了她。这段历史以浪漫的手法展示了女孩在愧疚感之下的内心崩溃，因为她在某一瞬间爱上了自己国家的敌人。然而，这种动机似乎不足以引起如此深刻的内疚感和如此严重的崩溃：犯罪与惩罚之间的相互关系是不正确不公正的。然而，一旦我们认为诗意的直觉描绘了由无意识引起的冲突，那就会对我们产生深远的心理影响。然而，要寻求这部剧本在心理学上的解释，就需要从其开场白中看起。在开场白中，少女听到了上帝的声音，上帝禁止了她所有的女性体验，但承诺会用男性的荣誉来弥补她。引用如下：

勿妄夫之恋

勿焚恶之火

勿念姻之妆

勿贪子之孝

唯持战之荣

赞汝命之煌

假设上帝的声音在心理上等同于父亲的声音，这种假设已经被证明过很多次了。因此，其基本情况的核心是禁止女性体验与父亲相关的所有感情，这种禁止会推动女性进入男性角色。因此，完全崩溃不是因为她爱国家的敌人，而是因为她全身心地投入爱，因为压抑的女性气质已经突破并伴随着内疚感。顺便说一下，这种突破不仅会带来情感上的失落，还会导致她在"男性"成就上的失败。

在医学心理学中经常出现的情况是，小规模的案例类似于天才诗人凭直觉创造出来的案例。无论是在发现性行为还是在实际经历之后，这些都是女性在第一次性经历后出现神经症，或表现出性格变化的案例。总而言之，可以说在这些案例中，通往特定女性角色的道理被无意识的负罪感或焦虑所阻碍。这种阻碍不一定会导致性冷淡。这些阻力的数量是个问题，它们决定了女性经历的受阻碍程度。我们可以在这里观察到一系列连续的症状，从拒绝考虑性经历的女性到仅通过性冷淡的肢体语言使抵抗变得明显的女性。如果阻力的程度相对较小，则性冷淡度通常不是刚性的、不可改变的反应模式。在大多数无意识的条件下，它是可以被放弃的。对于一部分女性来说，性经历必须发生在封闭的环境中；对另一部分来说，性经历需要在暴力中伴随着痛苦进行；还有一部分女性，她们认为性经历需要在不掺杂任何感情的情况下进行。在最后一种情况下，女性可能会对自己深爱着的男人存在性冷淡，但是她在身体上却能接受一个对她仅有性欲而没有爱的男人。

从性冷淡的不同表现中，我们可以正确推出它的心理本能的起源。此外，对其发展的分析见解有助于我们理解一个事实，即它在某些心理情境中的出现或消失是由个人的发展历史严格决定的。从这个角度来看，史迪克（Steke）的声明"女性之所以会性冷淡，是因为她们还没有找到可以使她满意且满足的方式"是一种误解，因为"满足的方式"可能与无意识的条件有关。这种无意识的条件可能根本无法实现，抑或是无法为自我意识所接受。

因此，性冷淡这种现象还需要在更大的框架里进行讨论。实际上，性冷淡本身可能会在其基础上发展成为一种病症，由于性欲的累积无法得到真正的释放，因此很多女性的容忍度很低。然而，只有通过其基础的发展干扰才能获得真正的意义，性冷淡也只是一种表达形式。从这点看来，我们很容易理解为什么其他女性功能也会因性冷淡而频繁受到影响，以及为什么那些没有性冷淡及其潜在抑制的女性身上很少会出现神经衰弱。

所以，随着这些问题的频频出现，我们应该回到最初讨论的问题上。根据这种观点，我们无须再做出更多评论，性冷淡的普遍性并不足以说明它就是正常现象，尤其是从我们可以追溯到引起性冷淡的发展性压抑。

这个问题不能仅通过分析手段来回答。心理分析只能指出性冷淡的发展道路，或者也可以说它是发展的辅路，这样说更精确一点。除此之外，它还允许我们对这些方式的易用性有一定的了解，但它无法告诉我们为什么女性会反复走上这条路，它也无法告诉我们精确答案，一切都只是靠猜想罢了。

在我看来，这个频率的解释与超个人的文化因素有关。众所周知，我们的文化是一种男性文化，因此大体上不利于女性及其个性的展现。在这种因素对女性的多方面影响上，我只想强调两点。

首先，无论女性作为母亲或者爱人会产生多少价值，从人类学和心理学角度来说，人们总认为男性更有价值。小女孩就是在这种观念的环境下长大的。如果我们意识到，从她儿童时期的第一年起，她就有理由开始嫉妒男性，我们就很容易知道这种社会现象是如何在意识形态上促使她对男性气质的渴望，以及这种社会观念在阻碍她对自己女性角色内在认可方面发挥着多大的作用。

另一个不利因素在于当代男性怪异的性倾向。我们只能偶尔在女性中发现性生活的感性和浪漫成分，在受过教育的男性中发现的频率几乎接近于性冷淡在女性身上发生的频率。因此，一方面，男人在寻找生活伴侣和朋友时，会选择那些在精神上与他接近的人，但对于那些在感知上使他感到压抑的人，他会想要用相同的态度去回应。这种影响在女性身上很明显：它很容易导致性冷淡，即使她可以克服从自己身上带来的压抑。另一方面，这样一个男人会寻找一个只能与他发生性关系的女人，这种趋势在他与妓女的关系中表现得最为明显。然而，这种态度对妇女的影响也必然导致性冷淡。因为在女性中，情感生活通常与性有更紧密和统一的联系，所以当她不爱或不被爱时，她就不会再全身心地投入。我们考虑一下，由于男性的主导地位，他的主观需求可以在现实中得到满足。我们也考虑一下习俗和教育对女性抑制的产生和维持的影响。这些简单的引用可以说明，在束缚女性展现其女性角色时候的那些发挥作用的强大力量。另一方面，精神分析表明，在女性发展中，有许多可能性和倾向可以从内部导致其拒绝女性角色。

在每个案例中，决定性影响与外源性或内源性因素有关的程度将有所不同。但从根本上说，这是两个因素联合运作的问题。也许我们可以推测，对女性行为模式的更深入的洞察可以帮助人们更好地理解女性气质频频受到压抑的真实原因。

第四章　一夫一妻制观念的问题[1]

某段时间以来，我一直受到一个问题的困扰，为什么那么多分析学家都在讨论婚姻问题，而直到现在我都没有见过一篇详细分析婚姻问题[2]，并提出独特观点的文章呢？尽管人们认为这个问题应该从实践和理论方面都做出一些回应。出于实践考虑，我们每天都会遇到婚姻矛盾；出于理论考虑，生活中几乎不存在另一种情况，会像俄狄浦斯情结与婚姻这样存在如此明显又密切的关系。

（我个人认为）也许这个问题离我们太近，因此很难在好奇心和野心的驱使下形成具有科学性且有吸引力的课题。但这个问题也有可能不是婚姻本身的问题，而是婚姻

---

[1] 因斯布鲁克，1927年9月3日宣读于第十次国际精神分析大会，后载《国际精神分析杂志》第9卷，1928。

[2] 这不代表这些问题的所有方面都未曾在精神分析方面的文献中被提及，我仅参考了弗洛伊德的《"文明"的性道德与现代神经过敏》和《爱情心理学的贡献》，非洛恩兹的《性习惯的精神分析》，赖希的《性欲高潮的功能》，舒尔茨汉克的《精神分析导论》，弗兰格尔的《家庭精神分析研究》；其次，在《婚姻》（由麦克斯·马克斯编辑）中，我们找到了若黑姆《婚姻的基本形式与变化》，霍尔奈的《婚姻的心理适应与不适应》《选择婚姻伴侣的心理条件》《典型婚姻冲突的心理根源》。

中那些繁琐的冲突离我们太近，太接近我们的内心深处，因此很难解决。还存在另一个问题：婚姻是一种社会制度，我们从心理学角度出发去处理问题必然会受到阻碍；与此同时，这些问题的实际重要性迫使我们至少要试图去了解他们的心理基础。

虽然我为这篇文章选择了一个特定的问题，但我们必须首先尝试形成一个由婚姻所暗示的基本心理状态的概念（尽管它只是一个广泛的概要）。最近，凯瑟琳在她的书《伊赫布克》中提出了一个明显且深刻的问题：婚姻不幸这个问题在各个年龄阶段都会出现，那么，是什么因素持续催促着人类去结婚呢？幸运的是，为了回答这个问题，我们既不需要回归到对丈夫和孩子的"天然"欲望的概念，也不用像凯瑟琳那样依赖于形而上学的解释；我们可以更加准确地断言，促使我们进入婚姻的因素显然是正常的期望，这种期望可以使我们在儿童时期由于俄狄浦斯情结而产生的心理渴望得到满足，如想成为父亲的妻子、想独自占有自己的父亲，以及为父亲生孩子。顺便说一句，在此基础上，当我们听到有人预言婚姻制度即将结束时，我们可能会产生很大的怀疑。尽管我们承认在任何特定时期，社会结构都会影响社会上潜藏的事物的变化。

因此，婚姻的初始阶段充满了无意识的危险。这或多或少是不可避免的，因为我们知道这些欲望的持续复发是无法治愈的，无论是有意识地洞察困难，还是我们在他人生活中对它们的体验都无济于事。现在有两个原因可以解释为什么这种无意识的愿望是危险的，从本我方面来看，主体受到了失望的威胁，不仅因为，实际上父母至少没有意识到我们幼稚的渴望留在我们心中的画面，而且因为，正如弗洛伊德所说，丈夫或妻子永远只是一个替代品。失望的痛苦一方面取决于固恋程度，另一方面取决于所发现的对象与所取得的满足程度和特定的无意识的性欲之间的差异程度。

从另一方面来看，超我婚姻因旧乱伦禁令的复苏而受到威胁，这次与婚姻伴侣相关，这种无意识的愿望得到的越多越完整，危险就越大。婚姻中乱伦禁令的复兴显然是非常典型的，稍微不注意可能就会出现父母与孩子发生关系，这会导致很坏的结果，但若过分强调，则又会矫枉过正。也就是说，直接的性目标会产生一种对性目标受到抑制的深情态度。我个人知道的只有一个案例，其中这个发展并没有得到超越，妻子将丈夫视为性对象并永远爱上了他，在这个案例中，这个女人在十二岁时与父亲发生过性关系，并且真正享受到了性满足。

当然，在婚姻生活中，性倾向在这些方面发展还有另一个原因，由于性欲望得到满足，性紧张减少了，特别是因为这种欲望总是可以很容易地满足于一个对象。但是无论如何，这种典型现象的深层动机、过程的快速性，特别是它发展的程度，都可以追溯到俄狄浦斯发展的某些循环。除了偶然因素之外，早期情况的影响将表现出来的方式和程度取决于乱伦禁令，这在多大程度上仍然使自己感觉成为个体心中的生命力。尽管它们的表现在不同的人中如此不同，但更深刻的影响可以用一个共同的公式来描述：它们导致某些限制或条件，尽管有乱伦禁令，但主体仍能够容忍婚姻关系。

众所周知，这种限制可能使自己感觉已经选择了丈夫或妻子的类型，被选为妻子的女性可能绝不会让丈夫想起自己的母亲；在种族或社会根源、智力水准或外表方面，她必须与母亲形成一定的对比，这有助于解释为什么通过谨慎抉择或通过第三方干预而促成的婚姻往往比真正的爱情更好。虽然婚姻状况与俄狄浦斯情结所产生的欲望的相似性自动产生了主体早期态度和发展的重复，但如果无意识的期望并非从一开始就附着在未来的丈夫或妻子身上，那么以后发生的概率也会变得更小。此外，当我们考虑到保护婚姻免受更暴力形式的灾难的无意识倾向时，我们可以认为，在中间人的机构中存在某种心理智慧来安排婚姻，例如，这种情况在东方犹太人的婚姻中就存在。

在婚姻中，我们看到，我们头脑中已有的机制是如何对这些条件进行改造的。谈到本我，有各种各样的生殖器抑制，从简单的性储备到伴侣，会排除性行为前愉快或性交的变化，到产生阳痿或性冷淡。此外，我们在自我方面看到了可能采取各种形式的保证或辩护的尝试。其中一种等于对婚姻的否定，并且经常出现在女性身上，表现为对她们结婚这一事实的外在认可，没有任何内心的欣赏，伴随着对其内心的持续惊讶感、去签署自己的处女签、表现得像一个少女等冲动倾向。

但是，由于内心有必要为良心的婚姻辩护，自我往往采取相反的婚姻态度，对其施加夸张的压力，或者更确切地说，以夸张的方式强调爱情对丈夫或妻子的影响。有人可能会用"爱的辩护"这个短语作为标记，并且可以通过法律法庭对爱情驱使的罪犯所通过的更为宽松的判决进行类比。在一篇关于女性同性恋案例的文章中，弗洛伊德说，在我们的意识中，没有任何意识比我们感受到自己喜欢或者讨厌另一个人的程度，而更加不完整或错误的了。对于婚姻来说尤其如此，通常情况下，爱的程度被高估了。我一直问自己，我们是如何解释这一点的。人们容易产生这种幻想，认为一种关系昙花一现其实没什么可惊讶的。但人们会认为，在婚姻中，不仅是这种关系的持久性，而且还有对性欲的更频繁的满足，以及与之相关的幻想将被计算为消除性高估。最明显的答案是，人们非常自然地想通过认为他们是由于强烈的情感而对婚姻中涉及的精神生活提出的巨大要求，并因此顽强地坚持这种情感的想法，即使它已经不能为生活带来活力。然而，必须承认这种解释相当肤浅，它可能源于我们的综合需要，为了对生活中的这种重要的关系表现出一种一心一意的态度，我们可能会伪造事实。

同时，与俄狄浦斯情结的关系提供了更深刻的解释。因为我们看到，人们进入婚姻关系后，对妻子或丈夫的爱的戒律以及誓言被无意识地视为第四戒律的复兴。因此，不爱婚姻中的伴侣就会成为无意识的罪恶，就像未能履行与父母相关的戒律一样，在这方面也是，抑制仇恨和夸大爱情，这种早期的经历是强制性地在每个细节上精确的重复。我现在认为，在许多情况下，我们并没有正确地理解这种现象，除非我们认为爱情本身可以成为为超我所禁止的关系提供正当理由所必需的条件之一。当然，爱的保留或它的幻觉起着重要的经济作用，这就是为什么人们如此顽强地追求爱情。

最后，在我们发现痛苦（如在神经性症状中）在婚姻中只是一种情况，在此种情况下，人们会强烈反对乱伦禁忌，这并不会令人感到惊讶。为了达到这种目的，痛苦会以各种形式出现，因此只用三言两语就说明是不太合适的，因此，我只提出少量建议。例如，某些人的家庭或职业生活中存在条件，这些条件是通过无意识的安排来设计的，因此主体过度劳累或必须"为了家庭"做出不正当的牺牲，他或她会将此视为一种负担。又或者，我们经常会观察到，无论是在职业生涯中还是在性格或智力方面，婚后人们牺牲了相当一部分自我发展。最后，我们不得不承认，有无数这样的例子存在，那就是婚后的双方，一方为了满足另一方的需求，就需要放弃一些东西，通过这种方式，来感受责任感带来的快乐。

像这样的婚姻，人们常常会惊讶地问自己，为什么他们的婚姻不仅没有解散，反而更加稳定了呢？但正如我已经指出的那样，反思表明，只是满足了痛苦的条件才能保证这种结合的永久性。

达到这一点后，我们意识到这些案例与其他以神经症为代价捆绑婚姻的案例之间并无明显的分界线。然而，我不希望是后者，因为在本文中我主要想讨论那些看起来可能是正常的情况。

在这项调查中，我对事实采取了一定的暴力行为似乎是多余的，不仅因为我所描述的每一个条件都可能以其他方式确定，而且为了清楚地呈现它们，我已经采取了将它们独立化的方式，但实际上它们通常是混合在一起的。举个例子：在所有这些情况中，我们可以感受到，特别是在高度可估计的女性中，基本的母性态度在她们身上很普遍，这种态度对她们来说就成了促成婚姻的可能性。好像她们说：在我与丈夫的关系中，我不能扮演妻子和情妇的角色，但可以只扮演母亲的角色，这一切都意味着爱护和责任。这种态度在某种程度上是对婚姻的良好保障，但它是建立在对爱的束缚的基础上的，夫妻间的关系也可能因此而变得无趣。

这种太多或者太少的满足感之间的窘境，无论在个案中会带来什么结果，在所有案例中它都起着至关重要的作用，幻想破灭与禁止乱伦这两种因素，包含着丈夫或妻子隐藏的所有敌意带来的后果，将会使二人彼此疏远，并且会让她或他不自觉地去寻找新欢，这是导致一夫一妻制问题的基本情况。

还有其他方式可以引起性欲，因此会释放性能量，如升华、压抑、对前任的回归性投注，以及通过儿童来发泄，但是我们今天不讨论这些。

我们必须承认，我们会爱上其他的人的可能性会一直存在。对于我们童年的印象与它们被次阐述后的印象大相径庭，因此它们实际上可以广泛容纳不同的对象，这很正常。

现在，追求新鲜物品的这种冲动可能（再次强调，是在很正常的人群中）从无意识的来源中获得巨大的推动力。虽然婚姻确实代表了幼儿时期欲望的实现，但只有在受试者的发展使他或她能够实现父亲或母亲的角色的真实身份的情况下，这些才能实现。每当俄狄浦斯情结的结果偏离这一主动规范时，我们就会发现同样的现象：有关人员在一些基本要点上坚持儿童在母亲、父亲和孩子三位一体中的作用。在这种情况下，这种本能态度所产生的欲望不能通过婚姻直接满足。

从弗洛伊德的作品中，我们经常可以看到儿童时期形成的这种爱情。因此，为了表明婚姻的内在意义如何妨碍它们的实现，我只需要从你的记忆中将它们激发。对于孩子来说，爱情是被禁止的；而对夫妻来说，他们的爱情是经过许可的，除了婚姻责任的不祥预感之外。竞争（有关第三方受伤害的情况）被一夫一妻制婚姻的性质排除在外，实际上，垄断是法律赋予的特权。再次（在此，我们由于基因层面的不同，因为上述条件源于俄狄浦斯情况本身，而我要提及的那些，可能被追溯到对俄狄浦斯冲突已经终止的特殊情况的固恋），人们会存在一种反复的强迫性冲动去展示自己的能力或者性吸引，因为在自恋结构中存在性器官的不确定性和相对的虚弱性。或者说，只要有无意识同性恋倾向的地方，就会有寻求同性作为对象的强迫性冲动。从女性的角度来看，这可以通过迂回的路线来实现：要么丈夫可能与其他女人发生关系，要么妻子去做别人的小三。从现实的角度来看，最重要的一点，如果夫妻之间一直存在性生活分裂的话，主体将被迫把这种脆弱的感情转移到客体身上，而不是那些性欲望上。

我们可以很容易地看出，保留任何这些幼儿时期的条件都不利于一夫一妻制的原则，相反，它必然会驱使丈夫或妻子去寻找其他的爱情对象。

因此，这些一夫多妻或一妻多夫的渴望就会与伴侣所要求的一夫一妻发生冲突，并且也会与我们自己形成的信仰发生冲突。

让我们首先考虑这两个主张中的第一个，因为很显然，要求自己放弃比要求别人放弃更简单。从广义上讲，这一主张的起源是很明确的；显然，这是幼儿希望独占父亲或母亲的复兴。现在这种垄断的主张绝不是婚姻生活所特有的（正如我们所期望的那样，看到它来源于我们每个人），相反，它是每个完整的爱情关系的本质。当然，在婚姻以及其他关系中，它可能是纯粹出于爱情的主张，但在它的起源中，它与对对象的破坏性倾向和敌意是密不可分的，以至于双方之间的爱已经完全消失，留下的只是这些恨意的倾向。

在分析中，这种对垄断的渴望首先表现为口欲阶段的衍生物，当它采取结合物体的愿望这种形式时，可以独自占有它，即使是普通的观察，它也背叛了它的起源。在占有的贪婪中，不仅嫉妒伴侣的任何其他色情体验，而且还会嫉妒他或她的朋友、工作及兴趣。这些表现证实了我们的理论知识所产生的期望，即在这种占有欲中，正如在每一种口头条件的态度中，都存在矛盾的混合。有时我们的印象是，男人不仅实际上成功地对妻子的一夫一妻制忠诚度的执行力度超过女性对丈夫的更大的忠诚，而且男性对自称垄断的本能更强，并且重要的是他们是有意识的。例如，男人希望确定他们的父亲身份，但很可能正是这种口欲起源给了男性更大的推动力，因为当他的母亲为他哺乳时他无论如何都有经验部分融入爱情对象，而女孩不能回到她与父亲的关系中的任何相应经验。

再者，毁灭性的因素与这种渴望在另一方面紧密相连。早期，想要独占父亲或母亲的爱而遭遇沮丧和失望，结果带来的是仇恨和嫉妒。因此，在这种需求背后总是隐藏着某种仇恨，这种仇恨通常可以通过强制执行索赔的方式来检测，并且如果原有的失望一旦出现，仇恨通常会爆发。

现在早期的挫折不仅伤害了我们的客体爱情，也伤害了我们在最温柔的地方的自我尊重，我们知道每个人都带着自恋的伤疤。由于此种原因，后来要求一夫一妻制，以及要求它以适当的比例平衡早期失望形成的伤疤的敏感性，我们感到很骄傲。在父权制社会中，独占首先是由男性提出来的，这种自恋因素最为直接的表现就是与荒谬的"绿帽子"有关。在此，这种要求不是出于爱，而是出于男性的声望问题。在一个由男性主宰的社会中，它必然会变得越来越成为声望问题，因为人们通常会更多地考虑他们与同伴的地位，而非爱情。

最后，对一夫一妻制的要求与肛门性虐待的本能元素密切相关，正是这些因素与自恋元素一起赋予了婚姻中一夫一妻制主张的特殊性。婚姻关系与自由恋爱关系相反，在婚姻中，占有问题与其历史意义密切相关。事实上，婚姻代表的是经济关系，这种关系并没有将女性作为男性的附属品这一观点重要。因此，在没有任何特殊的肛门性特征压力的情况下，这些元素在婚姻中生效，并将爱的要求转化为对肛门性虐待的独占要求。在这种起源的因素可以在对出轨的妻子的旧刑事判决中看出来，它以最粗暴的形式出现，但在现在的婚姻中，他们仍然会在一些强迫性的要求中暴露自我：他们对妻子有或多或少的爱的强迫性冲动，以及为了折磨她们而产生前所未有的警觉性怀疑，这就是我们熟悉的强迫性神经症分析。

因此，得出一夫一妻制观念的推动力似乎是非常原始的。尽管它的起源是卑微的，但它已经成长为一种专横的观念，在这里我们分享一下其他观念的演变，其中被意识拒绝的基本本能冲动促成了它们的实现。在这种情况下，有助于这一过程实现的事实是，它可以实现某些我们最强大的压抑愿望，同时也是在各种社会和文化方面取得的宝贵成就。正如拉多在他的文章《一位焦虑的母亲》[1]中所表明的那样，这种理想形态使得自我能够抑制其关键功能，否则它将教会它主张永久垄断，同时将它作为一种愿望，可以理解为需求，不仅难以执行，也不合理；而且，它代表自恋和虐待狂冲动的程度，远远超过了它表达了真爱的愿望。正如拉多所说的那样，这种观念的形成给自我提供了一种"自恋式的保障"，在这种保障的掩护下，自我可以自由地去展现所有可能会遭到谴责的本能，同时，通过对自由和理想的主张的感知，自我还可以提升自己的预估能力。

当然，尤为重要的一点是，这些事实都是经过法律认可的。由于这种强制性而暴露出婚姻问题，在意识到这个问题而提出变革建议的案例中，人们通常会更希望用法律来解决。然而，这种法律制裁可能仅仅表达了人类思想中所具有的外在的价值。当我们意识到对垄断的主张是根深蒂固的本能基础时，我们也会看到，如果目前的观念理由来自人类，我们将不惜一切代价找到一个新的理由。而且，只要社会重视一夫一妻制，从心理经济学的角度来看，它就有利于满足作为需求基础的基本本能的满足，以弥补它所强加的本能的限制。

一夫一妻制的需求虽然具有这种一般基础，但在个别情

---

[1] 载于《国际精神分析杂志》第9卷，1928。

况下可能会从各个方面得到加强。有时其中一个构成要素可能在本能经济中占绝大部分，或者所有那些我们认为是嫉妒动机的因素一般都有所贡献。事实上，我们可能会将对一夫一妻制的需求描述为对抗嫉妒折磨的保障。

另一方面，就像嫉妒一样，它可能会因为内疚感的压力而受到压抑，这种内疚感会低声说"我们没有权利独占父亲"。或者，它可能被淹没在其他本能目标之下，如众所周知的潜在同性恋的表现形式。

此外，正如我所说，一夫多妻制或一妻多夫制的欲望与我们自己的忠诚信仰相冲突。与其他人一夫一妻制的主张不同，我们对忠诚的态度在我们的婴儿体验中没有直接的原型，它代表了本能的限制，因此，它显然不是基本的，但即使在其最早的开始，也是一种本能的转变。

为了研究一夫一妻制的要求，我们比男性有更多的机会去接触女性，我们可以问自己为什么它应该这样。对我们来说，问题不在于（如此经常断言）男人自然会有更多的一夫多妻制的倾向；一方面，我们对自然倾向问题的确定性知之甚少。但除此之外，这种观点只是一种明显支持男性的倾向罢了。然而，我认为，我们有理由提出什么样的心理因素可以使男性在现实生活中的忠诚度比女性更为罕见。

这个问题的答案不止一个，因为它与历史和社会因素相结合。例如，我们可以考虑到男人在各方面更有效地强制执行一夫一妻制的要求，这一事实可以在多大程度上决定女人更大的忠诚度。在这里，我不仅要考虑女性的经济依赖性，还要考虑女性不忠的法定惩罚；在这个问题中还有其他更复杂的因素，弗洛伊德在《童真的禁忌》中明确指出，主要是男性要求女性作为处女进入婚姻，以便于在某种程度上确定她的"性奴隶身份"。

从分析的角度来看，这个问题与两个因素有关。首先，看到受孕的可能性使生理上的性交对女性来说比男性更重要，是不是可以预期这个事实会有一些心理表征？对我来说，如果不是这样的话，我会感到很惊讶。我们对这个问题知之甚少，到目前为止我们从来没有能够孤立一种特殊的生殖本能，但总是只能在它的精神上层结构之下看到它。我们都知道，"精神"和性爱之间的分离，对忠诚度有着强烈的冲击，是一种主导性的，也可以说几乎是一种具体的男子气特征。此处所指的可能并不是我们所寻找的两性之间的生理差异导致的超自然联系。

第二个问题是由以下思考反映出来的。俄狄浦斯情结在男性和女性中的结果差异可以这样来说：为了满足自己的生殖器骄傲感，男孩子更容易放弃自己最初爱的对象，而女孩子会对父亲产生更加强烈的固恋，只有当她在很大程度上放弃女性角色时才会明显地表现出来。接下来的问题是，我们是否有证据去证明，在以后的生活中两性之间的这种差异会使女性产生更加严重的生殖器抑制，且粗略地说，这种差异是否会使女性更易于忠诚于婚姻，正如性冷淡现象比阳痿更普遍一样，虽然两者都是生殖器抑制现象。

因此，我们已经得出了一个因素，我们应该倾向于将生殖器抑制视为忠诚的基本条件。所以，我们只需要看一下那些性冷淡的女性或者是性衰弱的男性倾向于不忠诚的特点，就会意识到，我们之前所描述的忠诚的条件是正确的，但我们还需要更精确地说一下这个问题。

当我们发现那些具有强迫性忠诚特征的人，通常将负罪感藏匿于传统的禁忌[1]之后时，我们的发现就又向前迈进一步。所有这些都被传统所禁止，包括所有婚前性关系，与传统一起形成所有负担，于是这给传统施加了很大的道德性的压力。正如我们所料，这种困难只会出现在那些在特定条件下结了婚才会感到自由的人身上。

现在，这些内疚感与丈夫或妻子有着特定关系。夫妻二人在婚姻中不仅无意识地承担了作为父母感受到的孩子的爱和垂涎，同时，曾经对禁忌和惩罚的恐惧也会反复出现并折磨着他们。尤其是对于手淫的负罪感现在又被唤醒，因此，在第四戒律的压力下，就会形成一种相同的放大的责任感负罪氛围，或者形成易怒的现象。又或者在其他情况下，这种氛围其实是不诚实的，或者又会感到焦虑，总害怕伴侣会对自己有所隐瞒。我倾向于认为，与其简单地通过负罪感来联系，还不如将不忠诚和手淫之间直接联系。确实，手淫最初是孩子希望与父母发生性关系的一种

---

[1] 这种联系在希格瑞特·伍德塞特所著的《克瑞斯迪恩·拉朗诗塔特》中展示得十分清晰。

肢体表达。但作为一项规则，在手淫幻想中，父母很早就被其他物体所取代；因此，这些幻想以及原始的愿望，代表了孩子对父母的第一次不忠，这也同样适用于与兄弟姐妹、玩伴、仆人等人之间的性关系。正如手淫代表了幻想领域的第一个不忠，它通过这些经历在现实中得到体现。在分析中，我们发现，那些对早期事件保留了特别真实的内疚感的人，无论是幻想还是事实，正是由于这种原因，他们会对婚姻中的不忠问题感到焦虑，并且会刻意回避，因为这意味着原有的负罪感会反复出现。

通常情况下，尽管有些人对一夫多妻制或一妻多夫制有着强烈的要求，但是原有的固恋残余会在那些有强迫性忠诚的人身上反复出现。

但忠诚也可能有一个完全不同的心理基础，可能与我们刚刚讨论过的人在同一个人中共存，也可能完全独立。由于我提到的种种原因，有关人员对他们要求拥有婚姻伴侣的独占性特别敏感，并且反过来，他们对自己提出同样的要求。对他们来说，他们可能会有意识地满足自己对别人的要求，但在此类案例中，更深层次的原因其实是幻想，根据这种幻想，一个人主动放弃其他关系就像有魔力一样，逼迫着另一个人也做出同样的放弃。

我们现在已经看到了一夫一妻制需求背后的动机以及冲突力量。用一个物理实验来比喻，我们可以将这些对立的冲动称为婚姻中的离心力和向心力，我们应该说，在这里我们将进行一个力的试验，其中对手是平等的，因为他们从俄狄浦斯情结产生的最基本和最直接的欲望中获得动力。在婚姻生活中，这两组动力同时起着作用，尽管它们的活动程度可能各有各的变化。这有助于我们理解，为什么从来没有，也永远不可能有任何一种原则会帮助我们解决婚姻生活中的冲突。即使在个别情况下，虽然我们可以清楚地看到什么动机在起作用，但只有当我们从分析经验的角度回顾时，我们才能感知到哪种结果会伴随着一种或另一种行为而产生。

简单来说，我们发现，无论是遵守还是违背一夫一妻制原则，夫妻之间厌恶的因素总能找到一个出口，会通过不同的方式发泄；这种厌恶感是以这种或者那种方式直接指向婚姻中的另一方，无论指向哪一方，都会直接摧毁婚姻的基础，摧毁夫妻之间脆弱的依附关系。这些问题我们是无法解决的，得由道德家来解决，让他们去决定怎么样做才是正确的。

然而，这样获得的洞察力让我们在面对婚姻冲突时也不是完全束手无策。发现无意识的消息来源可能会削弱一夫一妻制观念，也会削弱一夫多妻制或一妻多夫制的倾向，使冲突有可能被打败。我们获得的知识以另一种方式帮助我们，当我们看到两个人的婚姻生活发生冲突时，我们常常不由自主地认为，唯一的解决方案就是分开。我们对每一个婚姻中这些冲突和其他冲突的必然性理解越深刻，我们就越深刻地相信，我们对这种不受控制的个人印象的态度保留得越完全，我们在现实中控制它们的能力就越大。

第五章　经前紧张

例假是一种很普遍的现象，我们不难发现，例假已经是女性焦虑性幻想的根源和焦点。当我们越来越清晰地看到焦虑与伴随性相关的一切有关时，这种感受就会更加深刻。我们的经验来自对个体患者的分析以及最令人印象深刻的人种学事实。这种焦虑性幻想在两性之间普遍存在，原始人[1]的禁忌包含了有力的证据，证明了男性对女性深深的恐惧，这种恐惧主要围绕例假而生。针对每位女性的分析都表明，随着经血的出现，女性体内的主动特征和被动特征的野蛮冲动和幻想都被唤醒。虽然我们的研究对这些幻想的理解及其对于经历这些幻想的女性的意义仍然不足，但它已经为我们提供了一个很实用且有用的工具。它使我们能够治疗性地影响月经的多种心理和功能障碍。值得注意的是，我们可能会忽略这样的事实，即不仅在月经

---

[1] 这里我不打算探究例假禁忌的原因，我这里指的是达里富有深刻见解，且信息量丰富的论文《印度神话与阉割情结》（1927）和《月经情结》（1928），国际精神分析出版社。又参照达里的信，载《精神分析教育学杂志》第5期，第5～6卷。

期间会发生干扰，且在月经流动开始前的几天内会更频繁
地发生干扰，尽管干扰现象没有那么明显。这些干扰通常
是已知的，它们包括不同程度的紧张感，从开始的感觉一
切都太过多余、感到无力或沮丧、自我贬低，到感到强烈
的压迫感和严重的抑郁感，所有这些感受经常与烦躁感或
焦虑感交织在一起。人们的印象通常是，这种情绪的波动
感不是由例假造成的，他们更倾向于认为这是一种正常的
情绪波动。它们经常发生在健康女性身上，通常不会给人
一种病理过程的印象；而且，它们很少与心理干扰或转换
歇斯底里症有关。

　　它们显然与阐述月经的幻想没什么关系。它们可能确实
会变成实际的月经干扰，但通常它们会在出血开始时，伴
随着解脱感而消退。有些女性每次看到与月经相关的联系
时都会感到惊讶，她们坚持认为这场痛苦不堪的梦魇只是
一种生理过程的欺骗，因此她们私以为经血出现时就得到
了缓释感。还有另一个因素可以支持这些假设（与出血及
其解释无关），那就是它们在第一次月经之前经常发生；
也就是说，出现在与预期出血之间的潜意识联系不存在
时。心理过程类似于生理过程，因为月经不仅仅是出血。

　　相比我们而言，那些从生理学方向看待的内科医生比我
们更少关注经前紧张，因为他们知道整个过程中必不可少
的，甚至是最重要的事件发生在出血之前。他们更容易满
足于普遍看法，认为心理负担是基于生理条件的。

　　简要回顾这些事件可能会有所帮助。在两次月经周期之

间，卵细胞在一个卵巢中成熟，周围的膜（卵泡）破裂，如果受精发生，卵细胞通过输卵管到达子宫并着床。卵细胞保持大约两周的存活期随时准备受精，与此同时，卵细胞破裂的膜已经变成了黄体。这种黄体在功能上是一种内分泌腺体，它可以分泌一种最近以纯净形式分离出来的物质。这种分泌物被称为"雌激素荷尔蒙"，因为即使在那些卵细胞被摘除的老鼠身上，它都具备引起发情周期的能力。这种雌激素荷尔蒙以这样的方式作用于子宫，使子宫内侧的黏膜发生变化，好像怀孕一样；也就是说，整个黏膜变成海绵状，变得充血，并且位于其中的腺体充满分泌物。如果没有发生受精，黏膜的表面层就会脱落，将储存起来用于胚胎生长的物质排出，并通过随后的出血将死去的卵细胞排出去，同时开始黏膜再生。

雌激素荷尔蒙的功能在这一环节并没有耗尽，生殖器的其余部分也变得更加充血，例如乳房，女性甚至通常可以在该期间开始之前就发现自己的腺体组织有实际的增大。此外，激素会影响血液、血压、新陈代谢和体温的可测量变化。鉴于这些影响的程度，我们谈到女性生活中的一个巨大的节奏周期，其生物学意义是每月为生育过程做准备。

对这些生物事件的了解本身并不能提供有关经前紧张的特定心理内容的任何信息，但它对于理解经前紧张是必不可少的，因为某些心理过程与这些生理事件相似，也可能是由它们引起的。

总体来说，这种观点并不新颖。伴随着经期的发生，女性的性欲也会更强，这已经是一个既定的生理学事实了。这种平行事件在动物身上可以清楚地观察到，正是由于这种联系，荷尔蒙才得到了雌激素这个名称。我们赞成著名研究人员的观点，例如哈夫洛克·埃利斯（Havelock Ellis），他们假设人类女性身上也存在着与性欲增加相同的心理平行过程。因此，女性将面临这样一个问题，即由于文化限制而难以克服这种问题，因为她们必须掌握这种增加的性欲压力。也就是说，如果有机会满足基本的本能需求，那么任务就很容易成功。只有在没有这种机会的情况下，出于外部或内部原因，而变得困难。这种联系也在健康女性中得到证实，即在心理性欲发展相对不受干扰的女性身上，她们的月经干扰在她们的性生活完成期间完全消失，并在外部挫折或不满意的经历期间重新出现。对导致这些紧张局势出现机制的观察表明，我们在这里提及的女性，因为某种原因不能很好地面对挫折，她们会以愤怒的情绪回应，[1]但她们不具备转移愤怒的能力，因此只能将一切矛头对准自己。

我们在因情绪抑制原因而对自己不满意的女性中发现了更严重的症状和更复杂的机制。在这里，我们得到的印象是，她们虽然损失了一些生命的活力，但仍然不能够保持稳定的平衡。然而，当性欲增加时，她这种情绪就会更加受到压抑，并且无法再保持平衡。因此，每个人都会出现

---

[1] 这种回应与涉及过程的普遍分类无关。

不同的退行现象，她们的症状表现为婴儿反应的重现。

这些观点受到临床观察研究的支持，因此几乎没有争议。然而，我们将不得不问自己是否存在限制这种因果关系的条件，因为经前紧张出现得很频繁，特别是轻微的紧张，但并不像我们预期的那样频繁，我们甚至都没有在每一种神经症中找到它们。为了能够回答后面的问题，我们现在必须在大量的神经症中，将生殖器性欲的特点累积和详细阐述与经前紧张是否会出现联系在一起，这可能使个别条件的某些方面更容易理解。首先，我们必须再次重复这个问题：性欲的增加真的是这一时期出现的紧张局势的特定因素吗？

实际上，我们只考虑了心理事件的某个方面的影响，并且迄今为止忽略了另一个决定性的生理因素的影响。我们应该明白，性欲的增加为受孕做了生理意义上的准备，而基础性器官的变化为怀孕做了准备。

因此，我们必须问：女性是否对这一发展毫无意识？怀孕的生理准备会在精神生活中得以表现吗？

我们一起来回顾一下，我自己的观察肯定支持这种可能性。患者T自发地说，在她来月经之前，她总会梦到一些感性又红色的东西，她觉得自己就像处在邪恶与罪恶的压力之下，同时她还觉得自己身体沉重且丰满。随着月经的开始，她会立刻感到缓释，她经常觉得就像是孩子降临了一样。她的生活史中经历过这样一些细节：她是家里最大的，有两个妹妹；母亲是个暴脾气，爱吵架；父亲倒是文质彬彬，对她很温柔。她和父亲一起旅行时，总会被人们当成是夫妻。十八岁时，她嫁给了一个三十岁的男人，他的性格和外貌都像她父亲一样。几年来，她和这个没有任何性关系的男人过着幸福的生活。那段时间，她十分讨厌孩子。后来，随着她逐渐对自己的婚姻和生活状况感到不满，她对待孩子的态度发生了变化。接着她决定做一番事业，她在托儿所老师和护士之间犹豫不定，最后选择了去托儿所当老师。在当老师的这些年里，她对孩子们特别有爱心，但是后来这个职业又让她觉得不满意。她开始体验到这些孩子不是她的，他们只是其他人家的孩子。除很短的一段时间之外，她在性方面一直保持着抵制的态度，她觉得自己不是怀孕，而是患上了纤维瘤，必须去切除子宫。似乎只有在她对孩子的愿望变得无法满足之后，她的性欲才会显现出来。我希望这种粗略的描述可以表明一个事实，在这个案例中，受到最大压抑的其实就是想要孩子的欲望。她的神经症结构表现出了很强的母性，同时还表现出了孩子气，总体上是对相同问题的核心阐述。

我不想讨论这个案例中到底是什么问题加强了这种渴望孩子的现象，也不想讨论到底是什么造成了如此强烈的压抑。暗示性证据可能足以表明，在其他类似性质的案例中，由于与破坏性冲动的旧联系，对孩子的期望过度导致焦虑或内疚。

这种压抑，如果极端，会导致完全有效地拒绝对自己拥有孩子的愿望。我发现，这些愿望毫无例外地完全独立于神经症结构的其余部分，在那些会出现经前紧张的案例中，人们可以相对确定他们非常渴望拥有孩子这一假设，但同时又有一种强烈的抵触情绪，因此这个假设从来没有实现过。这使我们怀疑，并引导我们假设，在机体正准备怀孕的时候，被压抑的对孩子的渴望会随之受到激发，因此会导致心理平衡的失调。揭示这种冲突的梦会在月经来临前频繁出现，然而，我们还需要更精确的测试来检查其与母亲身份一些形式有关的梦出现的频率。例如，患者的经前紧张经常发生在想要孩子的愿望非常强烈的情况下，但实现这一愿望的恐惧又会引起她们的焦虑，从害怕性行为，以及婴儿护理开始，她们就会开始焦虑；同样，她们在分娩时害怕死亡，这使她无法意识到她对孩子的强烈愿望。

在我看来，在那些想要孩子的愿望受到冲突时，经前紧张状态发展得并不规律，但是尽管如此，也同样会发生怀孕和分娩。我在这里想到的是一些女性，她们的母亲身份显然在她们的生活中占有重要的地位，但是相关的无意识冲突以某种形式表现出来，例如孕吐、分娩收缩虚弱，或过分保护自己的孩子。

这里我总结一下我的看法，但只是一种非常谨慎的看法。显然，这些紧张局势可能发生在实际经历增强了对孩子的渴望的情况下，但真正实现却由于某种原因变得不可能，通过观察一位强烈渴望母亲身份但却充满了冲突的女性可以证明这一点。我认为，这一事实表明，增加的性欲紧张并不是唯一的责任。她经历了特别令人不安的经前紧张，尽管她与男人的性关系十分和谐。然而，由于一些强有力的因素的影响，就没有实现生育孩子的愿望，尽管这种愿望在当时还十分强烈。月经来临前，她的乳房变得很大。她在这个阶段，经常讨论生孩子的问题，有时会想到避孕工具，想到它们的影响以及可能存在的危害。

我还没有进行研究的另一个现象表明，一般来说，性欲的增加确实会造成经前紧张，但这不是具体原因，我指的是伴随月经出现的明显的缓释感。由于在整个月经期间性欲持续增加，所以情感紧张突然得到释放无法从这个角度来理解。然而，出血的开始终止了怀孕的幻想，正如患者T的情况所表达的那样，"现在孩子已经到了"。个人的心理过程可能完全不同。在上述的一个案例中，牺牲的想法是非常重要的，有问题的女人会在经期开始时思考"上帝已经接受了牺牲"。同样地，在各自不同的方式中，紧张的缓解有时可能依赖于无意识地实现以流血或超我的放松为代表的幻想。因为强烈反对的幻想现在已经结束，重要的事实是它们随着月经的开始而停止。

简要总结一下，依据上述所有观点可以做出这样的假设，出现经前紧张是由妊娠准备的生理过程直接释放。我现在已经非常肯定这种联系，在干扰出现的情况下，我希望在疾病和个性化的中心找到想要孩子的愿望的冲突，我相信我的这种预期没有出错。

我想再次将这个概念的界限与妇科医生进行区别。我们不是在解决基本的问题，不是要解决引导人们得出女性效能低这种结论的。我更想说的是，女性周期的这个特定时间代表的是一种负担，这种负担会出现在那些既有强烈的母亲身份愿望，同时内心又深受冲突折磨的女性。

但是，我相信，母亲身份对女性来说比弗洛伊德所认为的更为重要。弗洛伊德反复坚持认为，对孩子的愿望是"绝对属于自我心理学"[1]的东西，它仅仅因为缺乏阴茎而失望，因此不是主要的本能。[2]

相比之下，我觉得对孩子的愿望确实可以从阴茎的愿望中得到相当大的二次强化，但欲望是主要的，它的本能深深地扎根在生物领域。只有立足于基础概念之上，才能理解处理经前紧张的观察结果。事实上，我认为，只是这些观察结果很容易表明想要孩子的愿望满足了弗洛伊德自己为"驱动"所假设的所有条件。因此，对母亲身份的追求说明了"连续流动的内部刺激的精神表现"。[3]

---

[1] 弗洛伊德：《论肛门性欲的本能转变》，1916。
[2] 弗洛伊德：《两性之间解剖差异的一些心理后果》，1925。
[3] 弗洛伊德：《关于性理论的三篇文章》，载《论文集》第5卷。

第六章　两性之间的不信任

　　本章中我们来探讨两性关系中的一些问题，在讨论这个话题之前，我首先希望大家不要失望。医生主要关心的问题，并不是我关注的重点。本章末尾，我才会简要地探讨与治疗相关的问题，我更在意的是向读者指出两性之间产生不信任的几个心理原因。

　　男女关系与亲子关系是非常相似的，因为我们都很愿意关注这些关系的积极方面。我们更愿意假设爱是根本既定的因素，敌意偶尔有之但却是可避免的。尽管诸如"性别之战"和"两性之间的敌意"等标语大家已耳熟能详，但不妨承认这些标语也说明不了什么，倒让我们过分关注男女之间的性关系，很容易导致一孔之见。实际上，对众多过往案例的分析中，不难得出，恋爱关系极易遭受敌意的破坏，这些敌意既有明显的亦有隐蔽的。另一方面，我们太愿意将这些困难归咎于个人的不幸、伴侣的不合，甚至社会或经济原因。

　　我们发现导致男女关系不佳的个体因素才是至关重要的，然而，由于恋爱关系中频繁出现精神困扰，扪心自问，个别情况下的困扰是否是因为不同背景而引起的？这之间是否存在两性之间容易且经常引起怀疑的共同点？

在简短的框架内，给出一个如此复杂广泛领域的完整概览几乎是不可能的，因此，我甚至根本不会提及社会制度的起源和影响等因素，例如婚姻制度等。我只是打算随意选择一些能够理解的心理因素，导致两性之间的敌意和剑拔弩张的原因和影响相关的因素。

我想从一些众所周知的事情开始说起——猜疑气氛大多是可以理解的，甚至是理所当然的，这很显然与伴侣本人并无关系，而是与驯服和驾驭他们的难度有关。

我们知道或者隐约感觉到，这些影响可以导致兴奋忘形，沉湎其中，这意味着进入了无边无界的境地，这也许就是为什么真正的激情如此罕见。像成功的商人一样，我们不愿将全部鸡蛋放在一个篮子里，我们倾向于有所保留并随时准备撤退。尽管如此，出于自保本能，我们都有一种天然的恐惧，害怕在另一个人身上迷失自我。这就是为什么有爱、有教育和精神分析，很多人都觉得自己懂得这一切，但是实际上很少有人真的懂。人们会很容易低估，甚至是忽略别人对他的爱，同样他们也会忽视伴侣的付出，他们总觉得"你从来没有真正爱过我"。一个妻子因为丈夫没有给她全部的爱恋、没有拿全部的时间来陪伴她、没有满足她的兴致，便想要自杀，那么她根本不会注意到自己的这种态度流露出了多少敌意、隐藏的仇恨和对抗。她只会因为她付出的"爱"更多而感到绝望，同时更强烈而清楚地看到她的伴侣付出的爱太少。甚至斯特林堡（曾是厌恶女性主义者）有时辩解地说他并不仇恨女人，而是女人仇恨和折磨他。

本章中，我们并不涉及病理现象。在病理情况下，我们只能看到一般正常发生的事情被扭曲和夸大。在某种程度上，任何人都倾向于忽视自己的敌意冲动，但心虚之下，可能会投射到伴侣身上。这个过程必然会导致对伴侣的爱意、忠诚、诚意或善意产生显性的或隐性的不信任，这就是为什么我更喜欢谈论两性之间的不信任而不是仇恨。从经验来看，人们更加熟悉不信任的感觉。

在恋爱过程中，失望和不信任几乎不可避免，这源于我们对爱的强烈渴望激起了我们内心对幸福的所有期待和渴望，这些幸福沉浸在内心深处。我们所有的愿望，虽然本质上互相矛盾，但它们却向各个方面蔓延，期待能够逐个实现。伴侣应该很强壮，同时又很无助，支配我们却又被我们主导，应该是禁欲系的同时又很性感。他应该粗暴强势同时要温柔体贴，要全情投入，也要花样繁多，变化莫测。一旦假定他确实可以满足所有这些期望，伴侣就会在性方面给予过高的预估。用高估了的性来衡量爱情，而实际上它只是表达了期望的程度，这些要求的本质就决定了欲望得以实现的难度。人们可能以一种多少有点效的方式面对失望的根源，一切进展顺利的时候，甚至意识不到有那么多失望，就像没有意识到会有那么多的神秘期待一样。然而，伴侣之间仍然存在一些不信任，就像一个孩子发现他的父亲根本无法为他从天上摘下星星一样。

截至目前，这些反思当然既不新颖，也不是具体的分析，它们在过去已经有了更好的阐述。分析方法从下列问题开始：人类发展中的哪些特殊因素导致了期望与现实之间的差异，以及在特定情况下它们具有特殊意义的原因是什么？从普遍的情形开始，人类的发展与动物的发展有一个基本的区别——即幼儿时期的无助和依赖。童年的天堂往往是成年人在欺骗自己的幻觉，然而，对于孩子来说，这个天堂里盘踞着太多危险的猛兽，与异性的不愉快经历难免存在。回想一下，即使在很早的时候，儿童就具有与成年人相似的极其强烈的本能性欲，但又与之不同，儿童在行为的目的上有所不同，但最重要的不同在于他们的需求是纯洁诚实的。儿童很难直接表达自己的欲望，即使表达了也并不会受到认真对待。他们一本正经地说出来反倒有时被成年人视为是一种可爱，或者可能被忽视或拒绝。简而言之，儿童遭到直接拒绝、背叛或者被骗时会感到痛苦和羞辱。他们也可能不得不退而求其次找到他们的父母或兄弟，当他们在自己的身上寻求性愉悦的时候，他们会受到威胁和恐吓。面对这一切，相较之下儿童是无能为力的。他们根本无力排解自己的愤怒，或者将气愤降低到轻微的程度上，也无法用自己的智力来理解这件事情。因此，愤怒和反击在他心里压抑着，出现不切实际的幻想，这种幻想是无法实现的。在成年人看来这种幻想是罪恶的，从抢夺和偷窃，到杀戮、放火、肢解和窒息。因为儿童模糊地意识到他内心这些破坏性力量，根据"复仇法"，他认为同样受到成年人的威胁，这是婴儿焦虑的根源，没有孩子是完全例外的，这已经使我们能够更好地理解我之前所说过的对爱的恐惧。于是，在这最无理性的领域中，一个源自童年时代对有威胁的父亲或母亲的恐惧再次被唤醒，让我们本能地处于防御状态。换句话说，对爱的恐惧总是与我们对他人可能做的事，或他人可能对我们做的事的恐惧交织在一起。例如，阿鲁群岛的情人永远不会向他心爱的人赠送一缕秀发，因为如果吵架，他们心爱的人可能会烧掉它，从而导致他们生病。

　　下面概述童年冲突如何影响成年后与异性的关系。以典型情况为例：由于对父亲的极大失望而受到严重伤害的小女孩，会把她从男人那里获得的本能愿望，转变成用暴力取得的一种报复性愿望。因此，为直接发展到后来的态度奠定了基础，根据这种态度，她不仅会拒绝她的母性本能，而且只会有一个目的，就是伤害伴侣，利用他，榨干他，她已然变成了吸血鬼，我们假设存在一种从想接受到想拒绝的渴望的转移。后者的渴望因心理上的焦虑而受到压抑，那么有一个基本相似的情形，这种类型的女人，她无法与男性关联起来，因为她担心每个男性都会怀疑她想从他那得到什么，这实际上意味着她害怕伴侣可能猜到她压抑的欲望。或者通过完全向他投射出她压抑的愿望，她会想象每个男性只是想利用她，得到性满足，然后无情抛弃她，或者假设过度谦卑反应形成将掩盖被压抑的欲望。

然后，就有了那种不愿向丈夫索求或接受任何事情的女人。然而，这样一个女人，由于压抑着的情绪会对没有明确表达的，通常是未阐明的愿望没有实现而感到沮丧。因此，不知不觉地一波未平一波又起，就像她的伴侣一样，抑郁比直接攻击对他的打击更大。抑制对男性的攻击往往会消耗她所有的能量，然后女人感觉无法满足生活。她将把她的无助全部责任转嫁给男人，逼得他喘不过气来。所以会有一种女人，看似软弱无助，天真烂漫，却主宰着她的伴侣。

这些例子证明了女性对男性的基本态度如何受到童年冲突的干扰。为了简化问题，强调至关重要的一点——对母性发展的干扰。

现在应该追溯男性心理学的某些特征，我不想遵循个别人的发展路线，尽管这可能会对观察分析起到一定的启发性作用，即使是那些有意识地与女性建立非常积极关系，并且作为人类高度尊重女性的男人，在他们自己内心对女性暗暗的不信任，以及这种不信任是如何与他们在成长过程中对母亲的感觉是有联系的。重点关注男性对女性的特定典型态度，以及在不同历史时期和不同文化中的表现，不仅限于与女性的性关系，而且在非性生活情况下更常见，例如在对女性的总体评价中。

随机选择一些例子，不妨从亚当和夏娃开始。《旧约全书》中记载的犹太文化是赤裸裸的父权文化，这一事实反映在犹太教中，就是没有母性女神，在他们的道德和习俗中，如果丈夫想离婚，直接把他的妻子遣走，就意味着婚姻关系解除了。只有了解这一背景，才能认识到亚当和夏娃历史的两次事件中的男性偏见。首先，女性生育的能力部分被否定，部分被贬低：夏娃是用亚当的肋骨做成的，并且诅咒加身，让她生育时痛苦万分。其次，把引诱亚当偷吃知识之树的果子，解读为性诱惑，女人就变成了利用性诱惑男人，使他陷入痛苦的人。我相信这两个因素，一个是出于怨恨而另一个是出于焦虑，从最初到如今都破坏了两性之间的关系。简要介绍一下。男人对女人的恐惧深深植根于性，正如一个简单的事实所表明的那样，他害怕的只是性吸引力强的女人，尽管他对她有强烈的欲望，但她必须被束缚。另一方面，老年女性受到高度尊重，甚至在年轻妇女令人畏惧因而受到压制的文化中也是如此。在一些原始文化中老妇人可能会在部落的事务中发出决定性的声音，在一些亚洲国家中，她也享有很大的权力和威望。另一方面，在原始部落中，女性在性成熟的整个期间都受到各种禁忌。阿伦塔部落的女性能够神奇地影响男性生殖器，如果女人对着一片草叶唱歌然后指向一个男人或扔向他，他就会生病或完全失去他的生殖器，女人引诱男人走向灭亡。在某个东非部落，丈夫和妻子不能一起睡觉，因为她的呼吸可能会让丈夫虚弱。如果一个南非部落的女人爬过睡觉的男人的腿，他将无法奔跑，因此，在狩猎、战争或捕鱼之前两到五天都要禁欲。对月经、怀孕和分娩的恐惧更大，月经期妇女会受到更多禁忌——男人如果接触了月经期的女人就会死。在这一切的背后有一个基本思想：女人是一个神秘的存在，能与灵魂交流，因此具有魔法力量，她可以用之来伤害男性。因此，他必须通过压制她来保护自己不受她的魔法力量的伤害。孟加拉的美里人不允许妇女吃老虎的肉，以免她们变得太强壮。东非的瓦塔韦拉人不让女人知道生火的艺术，以免女人成为他们的统治者。加利福尼亚州的印第安人有让女人顺从的仪式，一名男子乔装成魔鬼来恐吓女人。麦加的阿拉伯人将女人排除在宗教节日之外，以防止她们与统治者之间发生亲密关系。我们在中世纪找到了类似的习俗——对处女的崇拜和对女巫的焚烧是并驾齐驱的；对"纯洁"母性的崇拜，完全剥夺了性，仅次于对性诱惑女人的残酷毁灭。这又是潜在焦虑的暗示，因为女巫与魔鬼沟通。如今，随着人类更人道的侵略形式，焚烧妇女只是象征性意义上的，有时带有毫不掩饰的仇恨，有时带有明显的友好。无论如何"犹太人必须被烧死"。[1]友善和秘密的判决，有很多关于女人的好话，但不幸的是，在上帝赋予的自然状态下，女性与男性并不平等。默比乌斯指出，女性的大脑比男性的要轻，但这一点不需要用如此粗糙的方式来说明。相反，可以强调的是，女人根本不是低等，只是不同，但不幸的是，女人很少，甚至根本没有男人所崇尚的那种人

---

[1] 译者注：这是引自18世纪德国作家戈特霍尔德·埃夫莱姆·莱辛的《智者纳坦》，人道主义者和启蒙与理性的发言人。这种表达成了一种俗语。作为一名犹太人，无论他的行为如何有价值和善意，都是有罪的。

性或文化品质，这深深植根于个人和情感领域；更不幸的
是，这使女性无法行使正义和公正，因此无法担任法律、
政府和精神团体的职务。女性只在爱欲的王国里才自在。
精神上的东西与女性的内心世界格格不入，与文化潮流格
格不入。因此，正如亚洲人坦率地说，女性是第二性人。
女人可能勤劳能干，但是，无法进行生产性和独立性的工
作。事实上，由于月经和分娩这些可悲的血腥惨剧，使女
性无法取得真正的成就。因此，每个男人都默默地感谢他
的上帝没把他创造成女人，正如虔诚的犹太人在祈祷中所
做的那样。

男人对待母性的态度是一个庞大而复杂的篇章，人们
普遍倾向于认为这方面没有问题。即使是厌恶女人的人，
在某些情况下显然也愿意把女人当作母亲来尊重，崇敬她
的母性，就像上面提到的对处女的崇拜一样。为了将这种
情形理解得更加清楚，我们必须区分两种态度：男人对慈
母心的态度，在处女崇拜中最纯粹的表现形式，以及对母
性的态度，就像在古代母性女神的象征中遇到的那样。男
性更喜欢慈母心，这体现在女性的某些精神品质上，即养
育、无私、自我牺牲的母亲，因为她是一个能满足他所有
期望和渴望的女人的理想化身。在古代的母亲女神中，男
人并不崇拜在精神意义上的慈母心，而在其最基本的意义
上的母性。母亲女神是大地女神，像土壤一样肥沃，给予
新生命，养育新生命。正是女性的这种生命创造力，成为
令人钦佩的自然力量，这正是出现问题的关键所在。因为

保持欣赏而不怨恨自己不具备的能力，是违背人性的，因此，一个人在创造新生活中所占的微小份额，就成了他创造新生活的巨大动力。男人创造了引以为傲的价值观，国家、宗教、艺术和科学本质上都是男人的创造，整个人类文化都具有男性的烙印。

然而，就像其他地方一样，这里亦是如此；即使是最伟大的满足或成就，如果产生于升华，也不能完全弥补没有天赋的东西。因此，男人对女人的普遍怨恨仍然明显地存在。在这个时代，怨恨也表现在男性不信任女性入侵他们领地的防御策略中；因此，男性会贬低怀孕和分娩的价值，过分强调男性生殖能力。这种态度不仅在科学理论上表现出来，而且对整个两性关系，乃至整个性道德都有深远的影响。母亲身份，尤其是不合法的母亲身份，非常欠缺法律保护，除了最近在俄罗斯的一次改善尝试。相反，这里有足够的机会满足男性的性需求，强调不负责任的性放纵，以及将妇女贬值为纯粹满足身体需要的对象，是这种男性态度的进一步后果。

从巴霍芬的调查中可以得出，男性文化霸权的状态从一开始就不存在，而女性曾经占据着中心地位。这是所谓的母系氏族制时代，法律和习俗以母亲为中心。正如索福克勒斯在《欧墨尼得斯》一书中所指出的那样，弑母是不可饶恕的罪行，相比之下，弑父则是一种轻微的罪行。只有在有史记载的时期，男人才开始有了微小的变化，在政治、经济和司法领域以及性道德领域发挥主导作用。当今社会似乎正在经历一个女性敢于再次为她们的平等而斗争的时期，这是一个阶段，能持续多长时间尚不可查。

写到此处并非在暗示所有灾难都是由男性至上造成的，并且如果赋予女性优势，两性关系就会得到改善。但是扪心自问，为什么两性之间应该有权力斗争存在？在任何时候，强大的一方都会创造出一种合适的意识形态，以助其维持自己的地位，并让弱势一方接受这种地位。在这种意识形态中，弱者的差异会被解释为低一等，并证明这些差异是不可改变的，是基本的，或上帝的意志。这种意识形态的功能是否认或隐瞒斗争的存在？关于为什么对两性之间存在着斗争这一事实认识如此之少这一最初提出的问题，以下是其中一个答案。掩盖这一事实符合男性的利益；对意识形态的强调，也促使女性接受这些理论。试图解决这些合理化，并检验这些意识形态的根本驱动力，只是弗洛伊德所走的道路上的一步。

以上的论述更清楚地说明了怨恨的根源，而不是恐惧的根源，因此简要地讨论一下后者，即恐惧的根源。男性对女性的恐惧是直接针对她作为性的存在。做何理解？阿伦塔部落揭示了这种恐惧的最明显方面，他们认为女人有神奇魔力可以影响男性生殖器。这就是心理分析中阉割焦虑的含义，是一种源自心理的焦虑，可以追溯到负罪感和童年时代的恐惧。它的解剖心理核心在于，在性交过程中，男性必须将自己的生殖器委托给女性体内，并将精液一并奉上，认为这是把生命力量交付给女性，类似于他将在性交后勃起消退的经历作为被女人削弱的证据。以下观点并未经过深入研究，但根据分析和民族学的数据，很有可能与母亲的关系比与父亲的关系更强烈，更直接地与对死亡的恐惧联系在一起，对死亡的渴望可以理解为对与母亲重聚的渴望。在非洲的童话故事中，是女性将死亡带到世界的，伟大的母亲女神也带来了死亡和毁灭。似乎人们有这样一种理解：给予生命的人同时有能力夺走生命。男性对女性的恐惧还有第三个方面，虽然更难以理解和证明，但这可以通过观察动物世界中的某些反复出现的现象来证明。雄性动物经常用特定的方式刺激吸引雌性，或者在交配过程中有特定的方法来占有雌性。如果雌性动物与雄性动物一样具有焦急的或强烈的性需求，则这种情形将是不可理解的。事实上，雌性在受精后会无条件地拒绝雄性的求爱。虽然取自动物世界的例子只有在极其谨慎的情况下才能适用于人类，但在这方面，我们不妨提出以下问题：有没有可能男性对女性的性依赖程度要高于女性对男性的性依赖程度，因为女性的部分性能量与生殖过程有关？因此，男人是否有必要让女人依赖他们呢？对于那些似乎是两性之间巨大权力斗争根源的因素，因为它们不仅是一种心理性质，更与男性密切相关。

爱情是一种多面派的事物，它成功地架起一座桥梁，将此岸的孤独与彼岸的孤独连接起来。这些桥梁可能非常美丽，但它们很少是为永恒而建的，而且因为往往无法承受过重的负担而垮塌。这是对最初提出的问题的另一个答案，为什么两性之间的爱比恨更清楚，因为两性的结合为人类提供了幸福的最大可能性。因此，人们很容易忽视那些不断破坏我们获得幸福的毁灭性力量有多么强大。

最后，读者可能会问，分析性见解如何有助于减少两性之间的不信任？这个问题并没有统一的答案。在恋爱关系中对情绪的力量和难以掌控的恐惧，以及在屈服与自我保护之间的冲突，是完全可理解的，不可缓和的，这是正常现象。同样的事情本质上适用于不信任，这种不信任源于未解决的童年冲突。然而，这些童年冲突在强度上可以有很大的不同，并且会留下或深或浅的印记。分析不仅可以帮助个案改善与异性的关系，还可以尝试改善儿童的心理状况，防止过度的冲突。当然，这是未来的希望。在这场重大的权力斗争中，分析可以揭示这场斗争的真正动机，从而发挥重要作用。这一发现不会消除动机，但可能有助于创造一个更好的机会，自力更生，而不是将其放在次要问题上。

第七章　婚姻问题

　　为什么良好的婚姻如此稀缺？比如那些不会抑制伴侣发展潜力的婚姻，家中不会弥漫不安气氛的婚姻，又或是双方关系十分亲密但又担心给对方带来"冷漠"的婚姻。难道婚姻制度不能与人类所存在的某些事实一致？美好的婚姻可能只是一种即将消失的幻觉，还是现代人特别无力赋予它实质意义？当我们谴责婚姻的时候，我们是承认它的失败还是承认我们自己的失败？为什么婚姻往往是爱情的坟墓？我们是否必须屈服于这种情况，就仿佛它是不可避免的法则一样，还是屈服于我们内心的力量？它的内容和影响会变化，或许可以辨认，甚至可以避免，但却能够给我们带来严重破坏。

　　从表面上看，这个问题似乎非常简单，但却非常无望。一般来说，与同一个人长期生活在一起的惯例会令人感到厌倦和无聊，特别是在性方面，因此，人们普遍认为两人关系逐渐消退和冷淡是不可避免的。范德维尔德给了我们一整本书，里面都是针对如何纠正性不满足的状况的善意建议。然而，他忽略了一件事，即他处理的是症状而不是疾病。将婚姻逐渐失去灵魂和光彩归因于岁月的单调和乏味，这只是一种表面认识。

其实不难察觉有一种暗藏的力量在起作用，但就像每次瞥视深渊一样，让人感到很不舒服。

我们没有必要接受弗洛伊德的思想教育，从而认识到婚姻的空虚不是由于简单的疲劳造成，而是由隐藏的破坏性力量造成的。这些隐藏的破坏性力量在暗中发挥作用，并且破坏了婚姻的基础，这些隐藏的破坏性力量只是在失望、不信任、敌意和仇恨的肥沃土壤上发芽的种子。我们不喜欢发现这些力量，尤其不喜欢在我们自己身上发现，因为它们对我们来说是神秘的。我们仅仅意识到它们，就意味着我们必须对自己提出一些令我们不适的要求。然而，如果我们真的希望从心理学的角度探究婚姻问题，就必须寻求和深化这种意识。最基本的心理问题肯定是——对婚姻伴侣的厌恶是如何产生的？

首先，有几个非常普遍的原因，它们因为太普遍而容易被忽略；它们源于人类认知的局限性，并且我们知道自己有这些局限性；无论我们是否相信，《圣经》所说的我们都是罪人，或是相信马克·吐温所说的我们都有些疯狂，或是我们以一种更开明的方式把这种缺陷称为神经症。所有这些假设只允许有一个例外，那就是我们自己。谁曾听到有人在权衡是否结婚时会说：从长远来看，我会养成这样或那样令人不快的习惯吗？不完美，当然，是配偶的不完美，不可避免地会在长期的亲密生活中出现。这些不完美能够引发一场小规模的雪崩，当它沿着时间的山坡滚下时，雪崩会自动地不断增大。如果一个丈夫对自己的独立抱有幻想，他可能会为自己被妻子需要和束缚的感觉而暗自苦楚。反过来，妻子又觉察到丈夫被压抑的反抗，她以隐藏的焦虑来应对，唯恐失去他，出于这种焦虑，她本能地增加了对丈夫的要求。丈夫对此的反应是高度敏感和带有防御性的——直到大坝最终决堤，双方都没有理解潜在的愤怒情绪，他们情绪的爆发可能出于一件无关紧要的事情上。与婚姻相比，任何短暂的关系，无论是基于卖淫、调情、友谊还是婚外情，本质上都比较简单，因为在这些关系里，可以相对容易地避开与伴侣发生摩擦的粗糙界限。

此外，人类通常的不完美之处包括：我们不喜欢过度劳累，无论是内在的还是外在的。有终身工作的公务员通常不会付出他最大的努力，因为无论如何，他的工作是安全的，而且他不必像职业人士甚至劳动者那样为事业而竞争和奋斗。让我们来看看婚姻契约的特权，以现行标准来看，这些特权要么是法律认可的，要么是没有法律利益的。从心理学的角度来看，我们可以很容易地看到，支持、终身陪伴、忠诚，甚至性关系的权利给婚姻带来了巨大的负担，这些权利是很危险的，使得婚姻关系与终身工作制的公务员的情况极为相似。关于婚姻的教育少之又少，以至于我们大多数人都不知道，虽然我们可能被赋予了坠入爱河的天赋，但我们必须一步一步地建立一个良好的婚姻。就目前而言，只有一种已知的方法可以填补法律与幸福之间的鸿沟，它涉及我们个人态度的转变，使我们内心放弃对伴侣的要求。请理解，我指的是要求而非意愿。除了这些普遍的困难之外，还有更多的个人困难，每个人的情况都不同，发生的频率、质量和强度也都不同，爱恨交织的陷阱层出不穷。列举和描述这些问题不会有什么好处，把注意力集中在少数几个大的群体上，并对其进行描述，可能会更简单、更清晰。

如果我们不选择"正确"的伴侣，婚姻可能从一开始就有不好的预示。我们如何理解这样一个事实：在选择与我们共度一生的人时，我们经常会选择一个不合适的伴侣？这到底是怎么回事呢？是缺乏对自身需求的认识吗？或者是对另一个人缺乏了解？还是在恋爱的影响下暂时盲目？当然，所有这些因素都可能发挥一定的作用。然而，在我看来，总的来说，必须记住的是，在一段自愿的婚姻中人们所做的选择可能并非完全"错误"。伴侣的某些品质确实符合我们的一些期望，他身上确实有某种东西能够满足我们内心的渴望，也许在婚姻中确实如此。然而，如果自我的其他部分置之度外，与伴侣几乎没有什么共同之处，那么这种陌生感将不可避免地影响一段关系的持久。因此，这种选择的根本错误在于它是为了满足一种孤立的条件。一种冲动、一种唯一的渴望，强有力地出现在人们的视线中，并使其他一切都黯然失色。例如，对于一个正在被许多其他男人追求的女孩，男人总想把她变成自己的

人，这是一种不可抗拒的冲动。对于爱情来说，这是一种
特别不幸的情况，因为当这个男人战胜其他追求者时，对
他而言，这个女人的吸引力必定会逐渐消失，而只有当新
的竞争对手出现时，爱情的战火才会在不知不觉中重新点
燃。或者一个伴侣可能看起来很有吸引力，因为他或她可
能会为了获得认可而承诺实现我们所有隐秘的渴望，无论
是在经济层面、社会层面或是精神层面上。或者在另一个
例子中，仍然强烈的婴幼儿时期的愿望可能会决定对伴侣
的选择。在这里我想到一个年轻的男人，他才华出众，事
业有成，他对母亲有着一种深切的渴望，因为他在4岁时
失去了自己的母亲。他娶了一个上了年纪的胖寡妇为妻，
她有两个孩子，智力和性格都不及他。或者以一个女人为
例，她17岁时嫁给了一个比她大30岁的男人，这个男人的
身体和心理构成与她深爱的父亲非常相似。多年来，这个
男人一直让她很开心，尽管他们之间完全没有性关系，直
到她长大，不再有孩童时期的渴望，然后她意识到她实际
上是孤独的，被一个对她而言并不重要的男人束缚着，尽
管他有许多可爱的品质。诸如此类的事例的确很多，在所
有的这些情况下，我们内心仍然有许多空虚和不满足，最
初的满足之后是随之而来的失望。失望并不等于不喜欢，
但它确实是产生厌恶的一种根源，除非我们具备一种极其
罕见的接受天赋，并且认为在如此受限的基础上的一段关
系不会阻碍我们找到其他幸福的可能性。无论我们多么文
明，无论我们如何控制自己的本能，我们内心深处都会产

生一种日益增长的愤怒，这种愤怒直指任何可能阻碍我
们完成至关重要的奋斗目标的人或力量，这与人性是一致
的。这种愤怒可能而且将会在我们毫无意识的情况下悄然
而至，它将非常活跃，即使我们对它可能产生的后果闭口
不谈。伴侣会感觉到我们对他/她的态度变得更挑剔，更没
有耐心，或者更疏忽。

　　我想再补充一个群体，在这个群体中，婚姻的危险不
止源于我们对爱的要求越来越严格，更是由于伴侣之间抱
有互相矛盾的期望所造成的冲突。我们通常会觉得奋斗中
的自己要比实际生活中的自己更一元化，因为我们本能地
感觉到，而且并非是空穴来风，我们内心的矛盾对我们的
人格或生活构成了威胁。在那些情绪失衡的人身上，这些
矛盾表现得更为明显，但似乎没有必要划清界限。事物的
本质是，这种内在矛盾在性方面表现得最容易、最激烈。
因为在生活的其他领域，比如工作和人际关系中，外在的
现实迫使我们身上表现出更加统一，同时也更加适应的态
度。即使是那些不愿意绕圈子的人也很容易把性当成他们
矛盾梦想的游乐场，这些不同的期望也会很自然地被带入
婚姻中。

　　我想起了一个案例，它代表了许多类似案例的原型。这
是关于一个男人的故事，他自己软弱，依赖别人，有点娘
娘腔，娶了一个在能力和才干上都优于他的女人，并且她
是母亲型的缩影。这是一场真实的爱情比赛，然而，这个
男人的欲望和普通男性的欲望一样，是矛盾的。他同时还

被一个随和的、妩媚的、向他索取的女人所吸引，她的身上体现了第一个女人所不能给他的一切特质，正是他自己的愿望中的双重性破坏了这段婚姻。

在这里，我们还可以举一些人的例子，他们虽然与自己的家庭关系紧密，但选择的妻子却在种族、外貌、兴趣和社会地位方面与自己的背景截然相反。然而，他们同时也对这些差异非常反感，并且对自己内心的这种反感毫无察觉，他们很快就会开始寻找一种与自己更相近的类型的伴侣。

我也可以想到那些有抱负的女人，她们总想出人头地，却不敢去实现这些雄心勃勃的梦想，反而指望丈夫为她们实现这些愿望。他应该是多才多艺的，比任何人都优秀、有名气、受人钦佩。当然，总会有一些女人会对丈夫实现她们所有的期望感到满意。但是，在这样的婚姻中，妻子往往不能容忍伴侣实现她的期望，因为她自己对权力的渴望导致她不能容忍自己生活在丈夫的庇护之下。

最后，有些女人会选择一个有女人味的、娇弱的、虚弱的丈夫。她们被自己的阳刚之气所激励，尽管她们常常没有意识到这一点。然而，她们也强烈地渴望一个强壮野蛮的男人用武力征服她们。因此，她们会责怪丈夫不能同时满足自己这两种期望，而且也会在私下里因他的软弱而鄙视他。

这种矛盾可能会以多种方式引起我们对婚姻伴侣的厌恶。我们也许会因为他没有能力给予我们必要的东西而责怪他，理所当然地把他的天赋贬低为毫无意义的东西。与此同时，无法实现的目标始终是一个迷人的目标，这个目标被一种理念所照亮，即它是我们从一开始就"真正"渴望的东西。另一方面，我们反而会因为他实现了我们的愿望而责怪他，因为事实证明，这种实现与我们矛盾的内心斗争是格格不入的。

在所有这些反思中，有一个事实至今仍然没有引起人们的注意，那就是婚姻也是两个异性个体之间的性关系。如果一种性别与另一种性别的关系已经受到干扰，那么这一事实可能会产生最深层的怨恨。婚姻中的许多不幸都表现为婚姻冲突，而且被认为是一场只围绕着这个特定的伴侣而发生的冲突。因此，我们很容易相信，如果我们选择了不同的配偶，这种事情就不会发生在我们身上。我们倾向于忽视这样一个事实，那就是产生婚姻矛盾的决定性的因素很可能是我们对异性的内在态度，它可能会以类似的方式出现在我们与任何其他伴侣的关系中。换句话说，在婚姻中出现的所有问题中，经常，或者说总是占比最大的部分是由我们自己发展出来的。两性之间的斗争不仅为几千年的历史事件提供了宏大的背景，也成为特定婚姻的内部斗争的背景。男人和女人之间隐藏的互不信任，通常不是源于我们后期的糟糕经历，而是以这样或那样我们经常发现的形式出现。尽管我们更愿意相信这种不信任源于这些事件，但这种不信任却是源于我们幼时的经历。后期的经历，因为它们发生在青春期和青春期后期，通常是由我们以前习得的态度决定的，尽管我们没有意识到这些联系。

让我补充几句话，以便更好地理解。这是我们从弗洛伊德那里得到的最基本的，也可能是不可磨灭的见解之一，那就是爱和激情的第一次出现并不是在青春期，而是在幼年时期，那时孩子已经能够充满激情地感受、渴望和要求。由于他的精神还没有经历崩溃和压抑，他或许能够以一种完全不同于我们成年人的强度来体验这些感受。如果我们接受这些基本事实，进而承认下面这个不言而喻的事实：正如每种动物一样，我们遵循伟大的异性相吸定律。然后弗洛伊德关于恋母情结——作为每个孩子都要经历的发展阶段——的有争议的假设，对我们来说就不会那么特殊或奇怪。

在这些早期的恋爱经历中，孩子们通常会经历沮丧、失望、拒绝以及无助的嫉妒之情，同时，他也会有被欺骗、被惩罚和被威胁的经历。

这些早期的爱的经历的痕迹将永远存在，并会影响到后期他们与异性的关系。这些痕迹对每个个体而言千差万别，然而在两性态度的多样性中形成了一种可识别的模式。

在男性身上，我们经常能发现他与母亲早期关系所遗留的痕迹。他们首先表现出的是从令人生畏的女性面前退缩，因为通常的情况是，母亲被赋予照顾婴儿的职责，所以母亲不仅给我们带来了最初的温暖、关怀和温柔的体验，也给了我们最早的约束，一个人很难完全从这些早期经历中脱离出来。我们经常会有这样的印象：几乎每个男人身上都存留有这种早期关系的痕迹；尤其是当我们看到男人们在一起时是多么快乐的时候，无论是涉及体育、俱乐部、科学，甚至战争，他们看起来就像脱离监管的如释重负的小学生！这种态度很自然地会在他们与妻子的关系中最明显地重复出来，因为妻子比其他女人更加注定要取代母亲的位置。

与尚未解决的与母亲之间的依赖关系相悖的第二个特征是追求女人的圣洁，这一点在对处女的崇拜中得到了最为受追捧的表达。这个想法可能在日常生活中有一些好的影响，但事情的反面是相当危险的。因为在极端的情况下，它会导致这样的信念：正派、可敬的女人是无性的，一个人若对她有性欲就是在羞辱她。这个概念进而意味着，尽管有人可能会非常爱她，但不能期望与这样一个女人有一个完整的爱情体验，他只有在堕落的妓女那里才能得到性满足。在明确的情况下，这意味着一个人可能爱并欣赏他的妻子，但却不能对她产生性的渴望，因此对她的情感或多或少会受到抑制。一些妻子可能意识到了男性的这种态度，但她们并不反对，尤其是在他们态度冷淡的时候，但这几乎不可避免地会造成了双方明示或暗藏的不满。

在这方面，我要提到第三个特点，在我看来，这似乎是关于男性对女性态度的特点，那就是男性因自己无法满足女性而产生的恐惧。他所害怕的是她的要求，尤其是她在性方面的要求。这种恐惧在某种程度上植根于生物学的事实，因为男性必须一次又一次地向女性证明自己的男性特质，而女性，即使是性冷淡的，仍然能够性交、怀孕和生育。从本体论的观点来看，即便是这种恐惧也有它的起源，它起源于童年，那时小男孩觉得自己是一个男人，但他害怕自己的男子气概会被嘲笑，从而伤害到他的自信心，或者起源于他幼稚的追求被取笑和嘲笑的经历。这种不安全感的痕迹将比我们愿意承认的出现更频繁，它往往隐藏于过分强调男子气概作为自身价值的背后，然而，这种不安全感通过男性在与女性的交往中不断波动的自信而显露出来。婚姻让丈夫对妻子引起的任何挫折都会产生持续的过度敏感，如果她不是他所专属的，如果最好的对他来说还不够好，如果他在性方面不能满足她，所有这些在这个基本上没有安全感的丈夫看来，都是对他男性自信的严重羞辱。反过来，这种反应又会本能地激起他想通过破坏妻子的自信来羞辱她的欲望。

这几个例子被选择用来展示一些典型的男性发展趋势。它们或许足以表明，对异性的某些态度可能是在童年时期养成的，在以后的人际关系中，特别是在婚姻关系中，必然会表现出来，而且与他们伴侣的性格无关。在他成长的过程中，这种态度被克服程度越轻，他与妻子的关系就会越不舒服。这种感觉的出现往往是无意识的，而它们的来源也总是无意识的。人们对它们的反应各不相同，这可能会引起婚姻里的紧张局势和冲突，从隐藏的怨恨到公开的敌对都是有可能的，或者它可能诱发丈夫寻求缓解紧张的办法，或许从工作中，或许从男性的陪伴中，又或是从一个他不害怕她的需求，而且在她面前他不觉得有什么负担的女性那里获得解脱，我们一次又一次地看到，事实证明婚姻关系的纽带是更牢固的，无论这关系是好是坏。然而，与另一个女人的关系往往是更放松、更令人满意、更幸福的。

在妻子给婚姻带来的困难中，即她的成长过程所带给她的一件价值尚未可知的礼物，我只提一个：性冷淡。这在本质上是否很重要可能是有争议的，但这是表明她与男性关系紊乱的一个迹象。不考虑个别内容的变化，无论是对特定的个体还是对一般的男性，她总是表现出对男性的排斥。关于性冷淡频率的统计数据差异很大，在我看来这些数据基本上是不可靠的，部分原因是感觉的性质无法用统计数据来表达，另一部分原因是很难估计，我们不知道有多少女性以这样或那样的方式，在享受性的这件事上进行自我欺骗。根据我自己的经验，我倾向于认为，轻微的性冷淡比我们从女性的直接陈述中所出现的更频繁。

当我说性冷淡的女性总是表现出对男性的排斥时，我并不是指对男性明显的敌意，这样的女性可能在身材、穿着方式和行为上都非常女性化。她们可能会给人留下这样的印象：她们的一生都在"习惯于独自去爱"。[1]我的意思是一种更深层次的东西——无法真正地去爱，无法向一个男

---

[1] 引自玛琳·迪特里希的著名歌曲《独自去爱》。

人屈服。这些女人宁愿独自前行，也不愿用她们的嫉妒、要求、厌倦和唠叨把男人赶走。

这种态度是如何产生的？首先，人们会倾向把这一切归咎于我们过去和现在在教育女孩的方式上出了错，在性禁令的压力下，与男人的隔离使得她们无法从正常的角度认识他们。因此，他们要么以英雄的身份出现，要么以怪物的身份出现。然而，证据和反思表明，这一概念过于肤浅。事实是，在抚养女孩方面更加严格的要求与性冷淡程度的增加并不挂钩。此外，我们还发现，就基本特征而言，禁止和胁迫从未从本质上改变人的本性。

在最后的分析中，也许只有一个因素足以使我们对基本需求的满足产生恐惧：焦虑。如果我们想要了解它的起源和发展，并且想要尽可能地从遗传学的角度把握它，我们就必须更仔细地观察女性儿童本能冲动的典型命运。在这里，我们可以找到各种因素，能够使得小女孩将女性的角色视为是危险的，并且能够让她不喜欢这个角色。儿童早期典型的恐惧具有明显的象征意义，这使人们很容易猜测其隐含的意义。除了对窃贼、蛇、野兽和雷暴的恐惧，如果不是女性对征服、渗透和摧毁一切的强大力量的恐惧，还有什么意义呢？这里还有更多与早期本能的母性预感有关的恐惧。小女孩一方面害怕在未来经历这个神秘而可怕的事件，与此同时，另一方面她在害怕自己可能永远没有机会去体验它。

这个小女孩以一种典型的方式摆脱了这种不安的感觉，

她把自己武装成一种渴望的或理想的男性角色。在四到十岁的孩子身上，或多或少可以观察到它不同的方面。在青春期之前和青春期时期，喧闹的假小子行为消失了，取而代之的是女性的特质。然而，一些强烈而令人不安的余痕可能会继续存在于表象之下，并在以下几个方面产生效果：野心，对权力的追求，对那些总认为比自己有优势的男性的怨恨，对男性的好斗态度，也许是其他形式的性操纵，最后抑制或完全阻止自己从男性那里体验到性满足。

如果我们能够粗略地了解性冷淡的发展历史，有一点就会变得更清楚。即如果我们把婚姻看作一个整体，我们就会发现，性冷淡产生的背景，以及性冷淡在女性对待丈夫的整体态度中的表达方式，会比性冷淡的症状本身更严重，而这种症状本身，仅仅是错过了快乐，也许并没有那么重要。

作为女性的本能之一，母性往往会被这种不利的发展所干扰，在这里我不想讨论这种可以表达身体和情感上的困扰的各种方式，我只把自己限定在一个问题上。一个孩子的到来是否会影响到一段基本良好的婚姻关系？人们经常会听到这样一个绝对的问题，即孩子能够巩固婚姻还是破坏婚姻。然而，以如此笼统的形式提出这个问题是徒劳无益的，因为答案将取决于个人婚姻的内部构造。因此，我的问题必须以更具体的形式提出，婚姻伴侣之间到目前为止尚且良好的关系会因为孩子的到来而受损吗？

虽然这种结果在生物学上似乎是矛盾的，但它确实有可能发生在一定的心理情境中。例如，一个男人在不知不觉中对他的母亲产生了强烈的依恋，一旦他的妻子真正成为一位母亲，他就会以母亲的身份来对待他的妻子，这样他就不可能与她发生性关系了。这种态度的转变可以通过合理化的理由而得到辩护，即妻子在怀孕、分娩和哺乳过程中失去了美貌。正是通过这种合理化，我们通常试图去控制那些能够从我们无法理解的内心深处触及我们生活的情绪或压抑。

一个女人的相应的情况是，由于她的发育过程中有某种转变，她所有的女性憧憬都集中在孩子身上。因此，她只爱这个成年男子的孩子，或者对她而言他自己所代表的孩子，以及他应该给她的孩子。如果这样的女人真的有了孩子，丈夫向她提出的要求就会变得多余，甚至讨厌。

因此，在某些心理条件下，孩子也可能成为产生隔阂或感到厌恶的原因。

在这一点上，我想总结一下，至少目前是这样，尽管我还没有接触到产生冲突的其他重要可能性，比如潜在的同性之间的性行为，更全面的理解并不会在原则上为以上讨论的心理学见解产生的观点增加任何东西。

因此，我的出发点是：我们通常认为，婚姻的火花熄灭或第三者的介入是导致婚姻破裂的原因，这些其实是某种已经发展的结果。它们是一个过程的结果，这个过程通常对我们来说是隐藏的，但它会逐渐变成对伴侣的厌恶。这种厌恶的根源与伴侣令人生厌的品质关系并不大，而且比我们想象的要小，而与我们在婚姻发展过程中带来的未解决的冲突的关系要大得多。

因此，不能通过提出关于履行责任和终止关系的建议来解决婚姻中的问题，也不能通过提出实现本能的无限自由的建议来解决。前者在今天对我们来说已经不再有意义了，而后者显然对我们追求幸福没有多大帮助，更不用说我们可能会面临失去最好的价值观的风险了。事实上，我们应该提出以下问题：哪些导致我们对婚姻伴侣产生厌倦的因素是可以避免的？哪些是可以减轻的？哪些是可以克服的？相处过程中的过度破坏性的失调是可以避免的，至少在强度上是可以避免的。一个人可以理直气壮地说，结婚的机会取决于双方在结婚前获得的情绪稳定程度。许多困难似乎是不可避免的，期待圆满作为礼物呈现给我们，而不是为之努力，这可能是人性的一部分。从本质上讲，两性之间的良好关系，即没有焦虑的两性关系可能仍然是一种遥不可及的理想状态。我们还必须学会接受自己内在某些相互矛盾的期望，因为这些期望在一定程度上与我们的本性有关，从而认识到在婚姻中实现这些期望是不可能的。我们对终止关系的态度将会有所不同，这取决于历史的钟摆将在什么时候摆到我们面前。在我们之前的几代人都过多地要求自己舍弃本能需求，另一方面，我们有过度害怕它的倾向。对于婚姻和任何其他关系来说，最理想的目标似乎是在放弃和给予、限制和欲望的自由之间找到一个平衡点。然而，真正威胁到婚姻的基本的放弃并不是伴侣的实际缺点强加给我们的。毕竟，我们可以原谅他，因为他不能给我们超过他本性所允许的限度的东西；但我们也必须放弃其他的主张，这些主张无论明示还是暗示，都太容易破坏气氛。我们将不得不放弃寻求和发现满足我们内在其他驱动力的不同方式，而不只是在性方面，因为伴侣会让性方面的问题放任自流从而得不到解决。换句话说，我们必须以开放的态度重新审查一夫一妻制的起源、价值和危险，以此来认真审查一夫一妻制的绝对标准。

第八章　对女性的恐惧

——关于男性和女性分别对异性的恐惧的 具体差异的观察 [1]

席勒在他的歌谣《潜水者》中讲述了一个故事，一个乡绅为赢得一个女人的心，跳入一个危险的漩涡，他起初用高脚杯来象征这个女性。他描述了自己注定要被深海吞没的危险：

> 但最终在巨大的骚动中平静下来，
>
> 当漩涡被吸入黑色的轮廓，
>
> 白色的泡沫破浪而出，穿越海洋，
>
> 黑暗中似乎有一条道路蜿蜒地通向地狱。
>
> 波浪不停地翻腾着——越陷越深，
>
> 就像一个峡谷穿过被雷劈裂的主山区，
>
> 玫瑰使人幸福——白昼的色彩令人欢欣鼓舞，
>
> 它们给予人类空气和蓝天！
>
> 愿隐藏的恐怖不再发出声音，

---

[1] 《对于德国人以及德国人的焦虑，死亡焦虑是不可理解的》，载《物理学刊肛门心理病学》第十八卷，1932。

人们渴求上天的宽厚怜悯不再遥远！

他再也不会——再也不会从视线中消失，

那是用恐怖和黑夜编织的面纱！

在那阴沉沉的悬崖脚下，

铺开那闪耀的、紫色的、无法探寻的朦胧景象！

一种恐怖的寂静回荡在耳边，

但那恐怖的目光更惊骇持久！

蝾螈——像龙一样——巨大的爬行动物，

在深处，恐怖盘绕在它们可怕的牙床上。

（翻译：布尔威·利顿）

在威廉·泰尔的《渔家男孩的歌》中，人们表达了同样的想法，不过要愉快得多：

清澈的湖水微笑着，让人渴望沐浴在其深处，

绿色海岸上有一个男孩睡着了；

然后他听到了一段旋律，

婉转轻柔，

像天使在空中歌唱一样甜美。

当他醒来时，兴奋不已，

河水在他胸前潺潺流过；

一个深切的哭泣声传来，

"我迷住了那个年轻的牧羊人，你必须和我一起走，

我引诱他到下面去。"

（翻译：西奥多·马丁）

男人总是不厌其烦地用各种方式来加工这种情感的表达方式，即男人被女人吸引时所表现出来的那种强烈的力量，与此同时还有他对女性的渴望，以及他可能会因她而死去和毁灭所带给他的恐惧。我将特别提到海涅在他的诗《传奇的罗蕾莱》中对这种恐惧的生动的表达，罗蕾莱坐在高高的莱茵河岸边，用她的美貌诱惑船夫。

　　这一次又是水（像其他"元素"一样，象征着原始元素"女人"）吞没了那些屈服于这个女人魅力的男人。尤利西斯不得不命令水手们把他绑在桅杆上，以抵抗诱惑和海妖的危险。狮身人面像的谜语很少有人能解开，大多数试图解开它的人都献出了自己的生命。在童话故事里，王宫里装饰着许多求婚者的头像，他们都是试图解开国王美丽女儿之谜的勇敢的求婚者。女神卡利亚[1]在被杀之人的尸体上跳舞。参孙是无人能胜的，他的力量却被大利拉夺去了。朱迪丝把自己献给霍罗孚尼斯，然后砍掉了他的头。莎约美把施洗约翰的头放在盘子里。女巫被烧死是因为男祭司惧怕魔鬼借着她们所行之事。韦德金的"大地之灵"摧毁了每一个屈服于她魅力的男人，不是因为她特别邪恶，而是因为她天性如此。这样的例子数不胜数，不管在什么地方，男人总是通过物化女人来努力摆脱对女人的恐惧。他说："不是因为我惧怕她，而是因为她本身是邪恶的，能够招致罪恶、猛兽、吸血鬼、女巫，她有贪得无厌

---

[1] 参见戴利《印度教神话与阉割情结》，第13期，1927。

的欲望。她是邪恶的化身。"这难道不是整个男性群体产生冲动的主要根源之一吗？——这种冲动就是男人对女人的渴望和对女人的恐惧之间，存在着永无止境的冲突。[1]

在最初的印象中，女人，由于其女性特有的月经的存在，变得加倍地邪恶。在月经期间与她接触是致命的：[2]人必无力，草场必枯干，渔人猎人必一无所有。破贞对男人来说是最大的危险，正如弗洛伊德在《贞操的禁忌》中所指出的那样，[3]丈夫尤其害怕这一行为。在这部作品中，弗洛伊德客观地物化了这种焦虑，满足于自己对阉割冲动的引用，而阉割冲动实际上确实发生在女性身上。这一点并不能充分解释禁忌现象本身，原因有二。首先，并不是所有女性都会用可识别的阉割冲动来应对破贞，这些冲动很可能只局限于那些有着强烈男性化态度的女性。其次，即使破贞行为总会在女性身上引起破坏性的冲动，我们仍然应该指出（正如我们在每一个单独的分析中应该做的那样）男性自己内心的迫切冲动，这些冲动使他认为第一次强行插入阴道是一件如此危险的事情：这的确是非常危险

---

[1] 赛克斯将艺术创作的冲动解释为在内疚中寻找伴侣。在这一点上，我认为他是对的，但在我看来他似乎没有深入探讨这个问题，因为他的解释是片面的，只考虑了完整人格的一部分，即超自我。（赛克斯，《常见的白日梦》，国际精神分析出版）

[2] 戴利：《月经情结》，载于《意象》第十四卷，1928；和温特斯坦《女孩的青春期仪式及其在童话中的痕迹》，载《无意识的意象，神学学士》第十四卷，1928。

[3] 弗洛伊德：《贞操的禁忌》，1918。

的，只有拥有力量的男人，或是一个愿意拿自己生命或男子汉气概来冒险以换取报酬的陌生人，才可以安然无恙地完成这件事。

当我们考虑到这种显而易见的事例有如此之多时，很少有人认识和注意到男人打从心里害怕女人这个事实，我们惊讶地问自己，这难道不值得注意吗？更值得注意的是，长期以来，女性本身一直在忽视这一点；我将在其他地方详细讨论她们在这方面持此态度的原因（例如，她们自身的焦虑以及她们的自尊心所受的伤害）。从男性的立场考虑，首先，他有非常明显的策略性理由来平息他的恐惧，但他也千方百计地否认这一点，甚至对自己也是如此，这就是我们所提到的在艺术创作和科学创作中将恐惧"物化"的目的。我们可以推测，他对女人虽有赞美，但其根源不仅在于他对爱的渴望，而且还在于他想要隐藏自己的恐惧。然而，男人也从贬低女人中寻求和发现一种类似的解脱，他们通常以炫耀的方式贬低女人。他们对女人表现出的爱慕与崇拜的态度意味着："我没有必要害怕一个如此美妙，如此美丽，不，如此圣洁的人。"而蔑视的态度意味着："要是你带她到处走，你就会觉得她是个可怜的人儿，你若惧怕她，那未免太可笑。"[1]后面这种减轻焦

---

[1] 我清楚地记得，当我第一次听到一个人以普世皆准的形式提出上述观点时，我是多么惊讶。提出这个观点的正是格罗德克，他显然觉得自己在说些不言自明的话，他在谈话中说："男人当然害怕女人。"格罗德克在他的作品中反复强调了这种恐惧。

虑的方法对男人而言，有一种特殊的好处："这有助于支撑他男性的自尊。后者似乎让人感到，承认对女人的恐惧比承认对男人（父亲）的恐惧会使他的内心受到更大的威胁。"我们只能结合男人的儿时经历来理解，为何他们的自我感觉对女人特别敏感，我稍后会重新回到这一点。

在分析中，这种对女性的恐惧表现得十分清楚。事实上，和其他所有的反常行为一样，男同性恋有它的基本特征，就是想要逃离女性的生殖器，或者否认它的存在。特别地，弗洛伊德认为这是恋物癖者的一个基本特征，[1]然而，他认为这不是基于焦虑，而是基于一种由于女性生殖器的缺失而产生的憎恶感。然而，我认为，即便只是根据他的叙述，我们也绝对能得出结论，即焦虑也在发挥着作用。我们实际上看到的是对阴道的恐惧，在这种憎恶的掩饰之下，这种恐惧几乎看不出。只有焦虑才有足够强大的动机来阻止一个男人实现他的目标，即他的性欲确切地催促他与女人结合。但弗洛伊德的解释未能解释这种焦虑，一个男孩对父亲的阉割焦虑并不足以使他害怕一个已经遭受这种惩罚的人。除了对父亲的恐惧之外，还有一种更深的恐惧，这种恐惧的对象是女人或女性的生殖器。这种对女性生殖器本身的恐惧不仅出现在同性恋者和变态者身上，也清楚地出现在接受精神分析的男性的梦中。所有的分析师都熟悉这类的梦，我只需要给出它们的大致轮廓：

---

[1] 弗洛伊德：《恋物癖》，载于《心理肛门病学》第九卷，1928。

例如，一辆汽车飞驰而过，突然掉进一个坑里，摔得粉碎；一艘船在一条狭窄的航道上航行，突然被卷入一个漩涡；有恐怖的、血迹斑斑的植物和动物的地窖；一个人正在爬烟囱，随时有掉下去并被杀死的危险。

德雷斯顿的鲍迈耶[1]博士允许我引用一系列的实验来说明这种男性对女性生殖器的恐惧，这些实验源于一次偶然的观察。医生和孩子们在治疗中心玩球，过了一会儿，医生告诉他们球上有个裂缝。她把裂缝的边缘拉开，把手指伸了进去，这样她的手就被球牢牢地卡住了。当她要求28个男孩们也这样做时，结果只有6个男孩没有恐惧，有8个男孩根本无法被说服去这样做。然而19个女孩当中有9个女孩毫无畏惧地把手伸了进去，其余的人表现出轻微的不安，但没有人表现出严重的焦虑。

毫无疑问，对女性生殖器的恐惧常常隐藏在对父亲的恐惧背后，而且对父亲的恐惧也的确存在；或者以潜意识的语言，隐藏在对男性生殖器进入女人生殖器的恐惧背后。[2]

有两个原因可以对此做出解释。首先，正如我所说过的，男性的自尊在这种情况下受到的伤害较小，其次，对父亲的恐惧更为真切，在性质上也不那么神秘。我们可以

[1] 哈东博士在德雷斯顿的一家儿童诊所进行了这项实验。

[2] 伯姆：《同性恋心理学贡献》，载《国际精神分析杂志》第11期，1925；梅兰妮·克莱茵：《俄狄浦斯冲突的早期》，载《肛门心理病学》第九卷，1928；《符号形成在自我发展中的重要性》，载《肛门心理病学》第十一卷，1930；《幼儿焦虑——反映在艺术作品和创作冲动中的情境》，载《肛门心理病学》第十卷，1929。

把它比作对真正的敌人的恐惧和对魔鬼的恐惧之间的区别。因此，正如格罗德克在他对《斯特鲁威尔皮特》中对吮吸拇指癖好者的分析中所表明的那样，这种与父亲阉割有关的焦虑的突出特性是具有倾向性的；剪掉拇指的是男人，发出威胁的是母亲，而发出威胁的工具——剪刀，是女性的象征。

基于上述分析，我认为男人对女人（母亲）的恐惧或对女性生殖器的恐惧可能更加根深蒂固，分量更重，而且这种恐惧通常比他们对男人（父亲）的恐惧压抑得更深，首先最为重要的是，他们想要在女性身上找到阴茎，这就意味着他们想要否认女性生殖器存在，这是一种邪恶的尝试。

这种焦虑有什么个体发育的成因吗？或者在人类生命中，它难道不是男性生存和男性行为不可分割的一部分吗？在雄性动物中经常发生交配后嗜睡——甚至是死亡的情况，[1]这是否能说明这一点呢？对于男性而言，爱情和死亡是否比对于女性而言更紧密地联系在一起？其中与女性的性结合可能产生新的生命。男人在与女人（母亲）重逢的过程中，是否有一种隐藏的对灭绝的渴望与他的征服的欲望同时存在呢？也许是他的渴望构成了"死亡本能"？又或是他的生存意志使他对生活感到焦虑？

当我们试图从心理学和个体发育的角度来理解这种焦虑

---

[1] 伯格曼：《母亲精神和知识精神》。

时，如果我们坚持弗洛伊德的观点——婴儿与成年人性行为的区别恰恰在于，婴儿的生殖器仍然"未被发现"——我们就会发现自己相当地不知所措。根据这种观点，我们不能恰当地谈论生殖器首要地位——我们必须把它称为生殖器至上。因此，将婴儿生殖器组织时期称为"生殖器期"会更好。[1] 在这个时期，男孩们的许多言论记录无疑证明了弗洛伊德理论所依据的观察结果的正确性。但是，如果我们更仔细地观察这一阶段的本质特征，我们不禁要问，他的描述是否真正概括了婴儿生殖器期的具体表现，还是仅适用于婴儿生殖器期的相对较晚的阶段？弗洛伊德认为，男孩的兴趣以一种明显的自恋的方式集中在他自己的生殖器上："在青春期后期，男性身体所产生的这一部分驱动力，在儿童时期主要表现为一种探究事物的冲动——性好奇心。"生殖器在其他生物中的存在和大小是一个非常重要的问题。

但可以肯定的是，男性生殖器冲动的本质是从器官感觉开始，是一种渗透的欲望。这些冲动的存在是毋庸置疑的，它们在儿童的游戏和对儿童的分析中表现得相当明显。再说一遍，如果不是出于这些冲动，很难说出这个男孩对他母亲的性期望究竟包含着什么；或者，为什么他自慰焦虑的对象应该是作为阉割者的父亲，难道自慰在很大程度上不是对异性的性冲动的自慰表达吗？

---

[1] 弗洛伊德：《婴儿生殖组织的性欲》，1923。

在生殖器期阶段，男孩的心理取向主要是自恋，因此，他的生殖器冲动指向某一物体的时期一定是更早的时期。但肯定也要考虑到这种冲动不是直接指向女性生殖器的情况，在此情境中他本能地推测出了女性生殖器的存在。在梦境中，无论是早期生活还是后期生活，在症状和特定的行为模式中，我们确实发现，性交的表征是口交、肛门性交或没有特定的部位的性虐待。但我们不能以此来证明相应冲动占据主导地位，因为我们不确定这些现象的表达是否已经与生殖器的目标本身相偏离，或者与生殖器目标本身偏离了多远。从根本上说，它们所能说明的是，一个特定的个体受到特定的口交、肛门性交或虐待倾向的影响。这些证据不具备说服力，因为这些表征总是与针对女性的某些情感联系在一起，所以我们无法判断它们是否可能根本不是这些情感的产物或表现形式。例如，一种贬低女性的倾向可能表现为肛门所代表的女性生殖器，而口交的表征可能表现为焦虑。

但除此之外，有各种各样的原因让我觉得一个女性特有的开口的存在不太可能被"发现"，这是不太可能的，当然，一方面，一个男孩会自然而然地认为，其他人和他自己的构造都是一样的；但另一方面，他的生殖器冲动催促他本能地在女性的身体上寻找适当的开口，此外，这样的一个开口是他自己所缺乏的，因为一种性别总是在异性中寻找与自己互补的东西，或寻找与自己的本性不同的东西。如果我们认真地接受弗洛伊德的言论，即儿童性理论的形成是以他们自己的性构造为模型的，那么，在目前的联系中，这一定意味着，在冲动的驱使下，男孩幻想中的画面是一个互补的女性的器官。这正是我们应该从我一开始引用的所有材料中推断出来的，这些材料与男性对女性生殖器的恐惧有关。

这种焦虑完全不可能只源于青春期。在那个时期的开始，如果我们能够透过男孩通常表现出的非常孩子气的骄傲看到所隐藏的焦虑，那么焦虑会表现得非常明显。在青春期，男孩的任务显然不仅仅是把自己从对母亲乱伦的依恋中解脱出来，更重要的是，要控制住他对整个女性的恐惧。他的成功通常是循序渐进的：首先，他完全不理睬女孩，只有当他的男子气概被完全唤醒时，他才能越过焦虑的门槛。但我们知道，作为一种规则，青春期的冲突经过必要的变更后，只会重新点燃属于婴儿性行为早期成熟阶段的冲突，而这些冲突所经历的过程基本上是一系列早期经验的原封不动的复制。此外，正如我们在梦境和文学作品的象征意义中所见到的那样，焦虑的怪异特征明确地指向早期婴儿时期的幻想。

在青春期，一个正常的男孩已经有了阴道的意识，但他的恐惧来源于女性身上的某种离奇、陌生又神秘的东西。如果一个成熟的男人继续把女人看作是一个巨大的谜团，而她的身上有着他无法预知的秘密，那么最终他的这种感觉只与她身上的一件事有关：母性之谜。其他一切都只是他对这一点的恐惧的附加品。

这种焦虑的根源是什么？它的特点是什么？是什么因素影响了男孩与母亲的早期关系？

弗洛伊德在一篇有关女性性欲[1]的文章中指出，这些因素中最明显的一个：是母亲首先禁止了孩子的本能活动，因为是她在婴儿时期照料孩子。其次，孩子显然会对母亲的身体产生施虐冲动，[2]这可能与她的禁令引发了孩子的愤怒有关。根据报复原则，这种愤怒留下了一丝焦虑。最后——这也许是最重要的一点——生殖器冲动的特定特点本身构成了另一个因素。解剖结构上的性别差异导致了男孩和女孩的情况完全不同，要真正理解他们的焦虑以及焦虑的多样性，首先，我们必须考虑到儿童在早期性行为时期的真实情况。女孩的天性是受生理条件制约的，这使得她渴望接受和接纳自己。[3]她感到或者知道她的生殖器对她父亲的生殖器来说太小了，这使她对自己的生殖器有了直接的焦虑反应；她害怕，如果她的需求实现了，她自己或她的生殖器将被摧毁。[4]

另一方面，男孩会感觉到或本能地判断出，他的生殖器对于他母亲的生殖器来说太小了，他的反应是害怕自己的不足，害怕自己被拒绝、被嘲笑，因此，他的焦虑和女

---

[1] 《肛门心理病学》第十一卷，1930。

[2] 如上文所引述的梅兰妮·克莱茵的工作，我认为人们对此的关注不足。

[3] 这并不等同于被动。

[4] 在另一篇论文中，我将更全面地讨论这个女孩的情况。

孩的完全不同；他最初对女人的恐惧根本不是对阉割的焦虑，而是他的自尊受到威胁的一种反应[1]。

为了不产生误解，请允许我强调，我认为这些过程纯粹是在器官的感觉和有机体的急切需求的基础上本能地发生的：换句话说，我认为，即使女孩从未见过她父亲的生殖器或男孩从未见过他母亲的生殖器，也未有任何形式的知识告诉他们这些生殖器的存在，这些反应仍会发生。

由于男孩的这种反应，他从母亲那里受到的另一种的挫败感的影响比女孩从父亲那里受到的挫败感的影响更为严重。在这两种情况下，本能的冲动都会受到打击。但这个女孩在挫折中得到了某种安慰——她保持了身体的完整性。但是这个男孩被击中了第二个敏感点——他的生殖器能力不足，这可能从一开始就伴随着他的本能欲望。如果我们假设造成暴怒的最普遍的原因是抑制冲动，而此刻这种冲动是至关重要的，由此可见，男孩从母亲那里得到的挫败感必定会在他心中唤起双重的愤怒，首先是由于他的性欲被推回到自己身上，其次是由于他的男性自尊心受到伤害。与此同时，生殖器发育前的挫败感所引发的旧怨可能也会再次升级。结果是，他的生殖器的冲动与他的愤怒沮丧结合在一起，这种冲动带有施虐的色彩。

在这里，我要强调一点，这一点在精神分析学文献中经常被忽视，那就是，我们没有理由假定这些生殖器冲动

---

[1] 我在这里也要提到我在一篇论文中提出的观点，《性别之间的不信任》，载《精神分析学》，1930。

的人是天生的虐待狂，在没有具体证据的情况下，将"男性"等同于"施虐狂"，在类似的情况下将"女性"等同于"受虐狂"，这是不可接受的。根据报复原则，如果破坏性冲动的混合确实很可观，那么母亲的生殖器一定会成为直接焦虑的对象。因此，如果它最初因为与受伤的自尊联系在一起而引起他的反感，那么它将通过二次加工过程（通过沮丧愤怒）成为阉割焦虑的对象。当男孩观察到经期的痕迹时，这种感觉可能会更加强烈。

正如我们从不同时期和不同种族中随机给出的例子中学到的那样，通常，后一种焦虑反过来又会在男人对女人的态度上留下持久的印记，但我不认为这种情况在所有男性身上都有一定程度的规律性，当然这也不是男性与异性关系的一个显著特征。这种焦虑与我们在女性身上遇到的焦虑有很大的相似之处，当我们在分析中发现它以任何值得注意的强度出现时，研究对象总是一个男人，他对女人的整体态度明显带有神经症的扭曲。

另一方面，我认为与他的自尊有关的焦虑或多或少在每个男人身上留下了明显的痕迹，并给他对女人的普遍态度打上了特殊的烙印，这种烙印不存在于女人对男人的态度中，即或是有，那也是后天形成的。换句话说，这不是她们女人天性中不可分割的一部分。

只有更仔细地研究男孩的婴儿焦虑的发展过程、他克服焦虑的所付出的努力以及这种焦虑表现出来的方式，我们才能把握这种男性态度的普遍意义。

根据我的经验，对拒绝和嘲笑的恐惧是对每个男人的分析中的一个典型因素，无论他的精神状态或神经结构如何。分析情境和女分析师的一贯矜持使得这种焦虑和敏感比在日常生活中表现得更清楚，这给了男人很多机会来逃离这些感觉，要么是通过避免那些有意唤起这些感觉的情境，要么是通过过度补偿的过程来逃离。这种态度的具体基础在很大程度上是难以察觉，毫无意识的，因为在分析中，它通常被女性特质的倾向所掩盖。[1]

根据我自己的经验，后一种倾向并不像女性的阳刚态度一样普遍，尽管没有那么张扬（我将给出理由）。我不打算在这里讨论它的各种来源，我只能说，我猜想他自尊心所受的早期创伤可能是使这个男孩厌恶他的男性角色的因素之一。

他对这一创伤以及随之而来的对母亲的恐惧的典型反应，显然把他的性欲从母亲身上抽离，并且集中在他自己和他的生殖器上。从经济角度来看，这一过程是有双重好处的，这使他能够摆脱自己和母亲之间产生痛苦或焦虑不安的情况，并通过积极地加强对自己生殖器的自恋来恢复他的男子自尊。女性生殖器对他来说已经不存在了，"未被发现"的阴道是被否认存在的阴道，这一发展阶段与弗洛伊德所说的生殖器期完全相同。

因此，我们必须理解在这一阶段占主导地位的探究态

---

[1] 伯姆：《男人的女性情结》，载《肛门心理病学》第十卷，1930。

度，以及男孩探究的具体本质，即一种逃避的表现，随之而来的是带有自恋色彩的焦虑。

因此，他的第一反应是一种高度的生殖器自恋。结果是，对于想要成为一个女人的愿望，小男孩们毫不尴尬地说出来，他现在的部分反应是重新焦虑起来，唯恐别人不把他当回事，另一部分反应是对阉割的焦虑。一旦我们意识到男性对阉割的焦虑很大程度上是对自己想要成为女人的愿望的反应，我们就不能完全认同弗洛伊德的观点，即双性恋在女性身上比在男性身上表现得更明显，[1]我们必须让它成为一个开放的问题。

弗洛伊德所强调的生殖器阶段的一个特征以一种特别清晰的方式展示了小男孩与母亲的关系所留下的自恋的伤疤："他的表现就好像他有一个模糊的想法，认为这个因素可能而且应该占比更大。"[2]我们必须这样说以扩大观察范围：这种行为确实开始于生殖器阶段，但并没有随着这个时期的结束而结束，相反，它在整个少年时期都是天真地表现出来的，并在后来仍然以一种深深隐藏的对生殖器大小或其力量的焦虑的形式而存在，或者作为一种对生殖器大小或其力量不那么隐蔽的骄傲而存在。

两性生理差异的迫切需要之一是：男人实际上有义务继续向女人证明他的男子气概，但是她没有类似的需要。

[1] 弗洛伊德：《女性性行为》，载《肛门心理病学》第十一卷，1930。

[2] 弗洛伊德：《婴儿生殖组织的性欲》，1923。

即使她性冷淡，她也能进行性交，怀孕生子。她只是无所事事地履行了自己的职责——这一事实总是让男人充满钦佩和怨恨。另一方面，男人必须做一些事情来满足自己，"效率"理念就是一个典型的男性的理想。

当我们分析那些惧怕男性化倾向的女性时，也许这就是为什么我们总是发现，尽管女性在现实生活中的活动范围大大地扩大了，但她们却在无意识中把抱负和成就视为男性属性的根本原因。

在性生活中，我们看到，驱使男人对女人产生简单的爱的渴望，往往被他们一而再再而三地向自己和他人证明自己男子气概的强烈的内在冲动所掩盖。因此，这种极端类型的人只有一个兴趣：征服。他的目标是"拥有"许多女人，而且是最漂亮的和最受欢迎的女人。我们发现，在这些男人身上，这种自恋的过度补偿和遗留的焦虑有着显著的混合，这些男人的情况是，当他想要征服时，若一个女人把他的意图看得太重，这个男人对她会非常气愤，另一种情况是，若这个女人不再需要他们进一步证明他们的男子气概，他们会终生感激她。

另一种避免自恋伤疤疼痛的方法是采用一种弗洛伊德所描述的倾向于贬低恋爱对象的态度。[1]如果一个男人不喜欢任何与他平等甚至比他优越的女人，难道他不是在按照酸葡萄心理，这个最有用的原则，来保护他受到威胁的自

---

[1] 弗洛伊德：《爱的心理学贡献》，论文集，第四卷。

尊心吗？从妓女或品行放荡的女人那里，在性、伦理或知识领域，男人不需要害怕被拒绝，也不需要害怕她们的要求。他可以感受到优越感。[1]

这就引出了第三种方法，这是其文化影响中最重要和最不吉利的一种方法：那就是削弱女人的自尊。我想我已经表明，男人对女人的轻视基于一种明确的蔑视她们的心理倾向——这种倾向根植于男人对某些特定的生物学事实的心理反应，正如人们所预料的那样，这种心理态度是如此普遍、如此顽固地保持着。将女人视为幼稚的情绪化的生物，因此认为她们不能承担责任和不能独立的观点，是男性倾向于降低女人自尊的结果。当男人为这种态度辩护，并指出有非常多的女人确实符合这种描述时，我们必须要考虑这种类型的女人是不是未经男人的系统选择而培养出来的。在证明男性原则的优越性方面，从亚里士多德到莫比乌斯，具有或大或小才干的个人头脑都耗费了惊人的精力和智力，重要的并不是这些。真正重要的是，"普通男人"不稳定的自尊心，让他一遍又一遍地选择性地将女性定义为这种类型，即幼稚的、非母性的、歇斯底里的，这样做是为了让每一代人都受到这类女性的影响。

---

[1] 促使男性接近妓女的其他力量的重要性并没有受到减损，在如下论文中有所描述：弗洛伊德《爱的心理学贡献》，伯姆《同性恋心理学贡献》。

第九章　对阴道的否认

——对女性生殖器焦虑问题的贡献 [1]

弗洛伊德经过对女性发展的具体特征调查，得到如下基本结论：首先，小女孩早期的本能发展与小男孩相同，体现在以下两个方面：性觉区（两性器官中，只有一个生殖器起到了作用，那就是阴茎，而阴道还未被发现）和首选的恋爱对象（小男孩和小女孩都会选母亲作为第一个恋爱的对象）。其次，两性之间存在的巨大差异源于这样一个事实，即性欲趋势的这种相似性并不具有类似的解剖学和生理学基础。以此为前提，从逻辑上讲，小女孩们不可避免地会觉得自己没有足够的生理优势来适应这种性欲的阴茎取向，并且会羡慕男孩在这方面的优越禀赋。小男孩和小女孩之间除了与母亲相关的冲突之外，小女孩还有一种更严重的冲突，她们会埋怨妈妈没有给她们阴茎。这种冲突至关重要，因为这种埋怨才是她与母亲脱离关系以及转向父亲的必要条件。

---

[1] 《国际精神分析杂志》第19期，《国际精神分析杂志》第14期。

因此，弗洛伊德选择了一个合适的词语来描述儿童性欲的旺盛时期，即女孩和男孩的婴儿生殖器首要时期，他称之为性器期。

　　我可以想象，一个不熟悉精神分析的科研人员，在阅读的过程中会忽略这一点，他们会觉得这些观点奇怪又罕见，而这些观点正是精神分析学家希望世人能够相信的。只有那些接受弗洛伊德理论观点的人，才能衡量这一特定论题对于整体理解女性心理学的重要性。弗洛伊德根据它的全部发现得出了自己最重要的成就，其中一些成就可能会一直持续下去，我指的是对儿童的早期印象、经验和冲突对其整个后续生活至关重要的认识。如果我们完全接受这个观点，比如说，如果我们认识到早期经历对主体的未来形成影响，会影响到他之后的处理问题的经验和方法，并且，从潜意识角度出发，通过他处理问题的方式，可以得出一些有关女性心理的具体结论：

　　（1）随着女性器官功能的每个新阶段的开始，从月经、性交、怀孕、分娩、哺乳到更年期，即使是正常的女性（如海伦·多伊奇实际上假设的那样）[1]，在她全身心地接受自己身体发生的变化之前，都要克服男性化趋势的冲动。

　　（2）同样，即使在正常的女性中，无论种族、社会和个人状况如何，女性都会比男性更容易依附或者将性欲转

---

[1] 海伦·多伊奇：《女性性功能精神分析》。

向同性。总而言之，同性恋在女性中出现的概率远大于男性。面对与异性相关的难题时，女性比男性更容易退缩，由此便上升为同性恋行为。根据弗洛伊德的说法，最重要的不仅仅只是她童年时期对同性产生的爱意，还有她首次将这种感情转向男性（父亲）时，主要是由于这些原因，她才会变得狭隘且充满恨意："因为我无法拥有阴茎，所以我想要一个孩子，'而为了这个目的'，我将感情寄托在父亲身上。我认为我在解剖学上的劣势（没有阴茎）是由母亲造成的，所以我对母亲怀恨在心，进而我放弃对母亲的爱，将这种感情转向父亲。"仅仅因为我们确信生命最初几年形成的影响，如果女性与男性的关系在整个生命中都没有保留这种强制性选择替代真正需要的东西，我们应该感到矛盾。[1]

（3）远离本能、次要性和替代品的一些东西具有相同的特征，即使在正常女性身上，这种特征也会表现出来，具体表现为女性想拥有母亲身份，或者至少可以展示自我。

弗洛伊德也绝对意识到了，女性对孩子的渴望是强有力的。在他看来，它一方面代表了小女孩最强烈的本能对象关系的主要遗迹，比如，对母亲，是以最早的母子关系的相反形式来体现的。另一方面，它也是阴茎早期基本愿望的主要痕迹。关于弗洛伊德观点的一个特殊观点是，它认

---

[1] 在之后的作品中，我想讨论一下有关早期对象关系的问题，因为对象关系是小女孩对阴茎态度的基础。

为母亲身份这个愿望不是一种天生的形式，而是作为一种可以在心理上减少其个体发生因素，并从同性恋或阴茎本能欲望中获取能量的东西。

（4）如果我们接受精神分析的第二个原则，即个体在性问题上的态度是他对待生活态度的原型，那么最终，女性对生活的全部反应将基于强烈的潜意识里的憎恨。根据弗洛伊德的观点，小女孩的阴茎嫉妒对应的是在最重要和最基本的本能欲望方面处于根本劣势的感觉。在这里，我们有一个典型的基础，一般的怨恨都是可以建立在此基础上的。确实，这种态度不可避免地会随之而来；弗洛伊德明确表示，在发展顺利的情况下，女孩会找到适合自己的方法去接触男性以及母亲身份。但是我要再次强调，如果这种怨恨的态度形成得较早，并且已经根深蒂固但却不表现出来的话，那么它就会与我们所有的分析理论和经验相矛盾。通过对比，在相似的情况或者无论在何种情况下，女性都更容易将内心不满的情绪转换成为内心中最重要的力量，而男性次之。

从弗洛伊德对早期女性性行为的描述来看，这些结论对女性整体心理起着至关重要的作用。考虑到这些结论时，我们可能会觉得，我们有必要一次又一次地将实验观察和理论反思应用于它们所依据的事实，以及对它们的恰当评价。

在我看来，弗洛伊德的理论所基于的基础，仅靠分析经验不足以判断这种基本观点的合理性。我认为，对这些观点的最终判断需要推迟，一直推迟到我们有对正常儿童的系统性观察，以及由受过专业训练的精神分析人员展开的大规模调查。在我所讨论的这些有争议的观点中，弗洛伊德的观点是，男性和女性之间的明显的性别差异首次出现在青春期之后。我自己做的一些观察结果并没有证实这一说法，相反，我一直对二到五岁的小女孩表现出的具体的女性特征感到惊讶。例如，她们经常会自发地对男性撒娇，或者对男性表现出母性关怀的典型特点，从一开始我就发现这些印象很难与弗洛伊德对小女孩性行为最初男性化趋势的看法相协调。

我们可能会认为，弗洛伊德的论点是将两性中的性欲趋势的原始相似性限制在性别范围内。但是，我们应该知道，个体的性行为模式决定他其他的行为模式，这种言论是有问题的。为了澄清这一点，我们应该要求对正常男孩和正常女孩在五岁或者六岁之前的行为之间的差异进行大量确切的观察。

现在确定，在最初的几年里，那些没有受到恐吓的小女孩会承认自己早期的阴茎嫉妒；她们问了很多问题，她们拿自己的很多劣势与小男孩进行比较，她们说自己也希望能有阴茎，她们表达了自己对阴茎的崇拜，甚至还会用"以后会有阴茎"这种想法来安慰自己。假设目前这种现象很频繁甚至很有规律地发生，那么在我们的理论结构中，我们应该给它们一个什么样的权重，赋予它们一个什么样的地位仍然是一个有争议的话题。与弗洛伊德的总体观点一致，弗洛伊德利用这些现象来表明小女孩的本能生活已经被自己拥有阴茎的愿望所占据的程度。

为了反对这种观点，我做了以下三点思考：

（1）在同龄的男孩中，我们会发现他们也有与女孩相对的愿望，男孩子小时候也希望自己有乳房，或是希望自己会生小孩。

（2）无论是男孩还是女孩，这些表现都会对他们的整体行为产生影响。如果一个小男孩总是强烈地想拥有像母亲那样的胸部的话，那么同时，他的普遍行为可能就会带有十足的男孩子的攻击性。如果一个小女孩总是羡慕或嫉妒哥哥的生殖器的话，那么她同时也会表现得更像一个真正的小女人。因此，在我看来，在早期阶段的这种表现是否被视为基本的本能要求的表达，或者我们是否应该将它们置于不同的类别中，似乎仍然是一个悬而未决的问题。

（3）如果我们接受每个人都存在双性恋倾向这个假设的话，那么就会出现另一种可能的类别。事实上，弗洛伊德本人也一直强调这对我们理解人类思想的重要性。我们假设，虽然在出生时每个人的性别在生理上已经得以确定，但结果总是有双性恋倾向的人存在，并且他们只是在发展过程中受到抑制，那么就可以说明，从心理上讲，孩子们对自己的性角色首先是不确定的，其次，他们以为性角色的分配只是暂时的，他们都没有意识到这一点，因此天真自然地表达了自己对双性恋的渴望。我们可能会进一步推测，这种不确定性只会随着对客体拥有热烈的爱情之后，再逐渐消失。

为了解释我刚才所说的，我可以指出两点十分明显的差距，也就是，儿童在最早期时性格顽皮活泼，这个时期的双性恋扩散表现与所谓的潜伏期之间的差异。如果，在这个年龄阶段，一个小女孩渴望变成男孩，但在这里，我们应该调查这些愿望发生的频率和它们受到条件限制的社会因素，这种方式决定了她的全部行为（更喜欢玩男孩子玩的游戏，喜欢男孩子的做事方式，并且还会隐藏自己的女性特征），此类行为表明，这种愿望源于另一种心灵深处。这个阶段和前一个阶段截然不同，但是它却可以展示女孩子所经历的精神冲突的结果，[1]如果没有特殊理论假设的条件的话，我们并不能因此就认定它就是渴望男性气质的表现，这种男性气质是指生物学上所说的男性气质。

弗洛伊德将另一个观点建立在性觉区相关的方面，他认为女孩的早期生殖器感觉和活动主要在阴蒂中发挥作用。他一度怀疑早期阴道手淫是否会发生，他甚至怀疑阴道是一个完全"未被发现"的区域。

为了确定这个非常重要的问题，我们应该再次要求对正常儿童进行广泛而准确的观察。早在1925年，乔纳斯·缪勒[2]（Josine Muller）和我本人就对此问题表示怀疑。此

---

[1] 霍妮：《女性"阉割情结"的起源》，载《国际精神分析杂志》第5卷，1924。

[2] 乔纳斯·缪勒：《女孩性器期的性能量发展问题》，载《国际精神分析杂志》第13卷，1932。

外，我们偶尔从妇科医生和对心理学感兴趣的儿童医生处获得了很多信息，大部分信息表明，在童年早期，阴道手淫至少与阴蒂手淫一样普遍。以下这些数据可以用来证明该观点：经常观察到阴道有发炎的迹象，例如阴道变红、有分泌物等，频繁地将异物插入阴道等，最后，她们的母亲就会开始抱怨，抱怨孩子总会把手指放入阴道。著名的妇科医生威尔海姆·李卜曼[1]（Wilhelm Liepmann）表示，他的经历使他相信，在儿童早期甚至在婴儿出生的最初几年，阴道手淫比阴蒂手淫更常见，而且只有在童年的后几年才会出现逆转，阴蒂手淫会在这个时期发生得多一些。

这些一般印象不能取代系统观察，也不能得出最终结论。但它们确实表明，弗洛伊德自己承认的例外似乎经常发生。

我们最正常的做法是通过精神分析对这些问题做出一定的分析，但是这实施起来很难。在最好的情况下，患者有意识回忆的材料或分析中出现的记忆不能被视为明确的证据，因为与其他情况一样，我们还需考虑到压抑性在其中起到的作用。换句话说，患者有充分的理由说自己不记得阴道的感觉，或者不记得自己曾经有过手淫行为，正是这样，我们便会反向考虑这个问题，我们必须要对她们这种

---

[1] 在一场私人交谈中。

忽视阴道手淫的行为持有质疑态度。[1]

还有一个难题，前来进行精神分析的女性正是那些不关心阴道发育，或者是关心程度不及正常女性的人。因为她们总是那些性发展偏离正常方向，且或多或少会受到阴道敏感性干扰的女性。与此同时，她们身体上的偶然差异好像也会发挥作用。我发现的案例中有三分之二的案例都存在以下情形：

（1）在性交前，通过手动阴道手淫会产生明显的性高潮。性冷淡是由性交时阴道痉挛和分泌不明物质时产生的（我只看到过这种两类这样的案例，而且没有错误）。我认为，一般来说，在对阴蒂或者阴唇的偏爱体现在手动生殖器手淫。

（2）自发的阴道感觉，其中大部分有明显的分泌物，这些都是由无意识刺激引起的，例如听音乐、开车、摆动、梳理头发和某些特定的移情情景。非手动阴道手淫；性交中的性冷淡。

（3）由生殖器外的手淫产生的自发性阴道感觉，例如通过身体的某些运动、通过紧身系带或特定的受虐狂幻想而产生的感觉。这种感觉是在没有性交的情况下出现的，因为无论是由性交时的男性、在妇科检查中的医生，还是受试者自己在手动手淫中，或在接受医疗冲洗时，每当阴

---

[1] 在1931年德国精神分析协会成立之前，在我关于生殖器阶段论文的讨论中，贝欧姆引用了几个案例，在这些案例中，患者仅回忆起阴道感觉和阴道手淫，而当时阴蒂还未被发现。

道快被触摸时都会产生强烈的焦虑感。

那么，我的印象可以总结如下：在手动生殖器手淫中，选择阴蒂手淫要比阴道手淫更常见，但是由于一般性兴奋引起的自发性生殖器感觉更常发生在阴道。

从理论的角度来看，我认为患者频繁出现阴道兴奋应该引起注意，即便有些病人对阴道的存在并不重视，或者她们在这方面的认知很模糊，随后对她们的分析也不会唤起她们的回忆或任何形式的阴道诱惑，也不会唤醒她们对阴道手淫的记忆。这种现象暗示了一个问题，是否从一开始性兴奋就不是由阴道所感知的。

为了回答这个问题，我们应该等着搜集更广泛的材料，而不是满足于精神分析师从自己观察中所得到的材料。与此同时，我认为有许多因素可以支持我的观点。

首先，在性交发生前会有被强奸幻想，实际上，这种幻想的起源远早于青春期，并且广泛获得人们的关注。如果我们假设不存在阴道性行为，我找不到可能的方法来解释这些幻想的起源和内容。事实上，对于这些幻想不会停留在暴力行为的模糊观念上，通过这种幻想，有的人可能会生孩子。相反，这种类型的幻想、梦想和焦虑通常非常明显地表现出对实际性过程的本能知识。他们假设了很多个虚拟的场景，因此我只需要指出其中几个：罪犯通过窗户或门闯进来，男子拿枪威胁她们，动物（如蛇、老鼠、飞蛾）在某些地方蠕动、飞行或奔跑，用刀刺伤动物或女性，或火车跑进车站或隧道。

我说的是关于性过程的"本能"知识，因为我们通常会遇到这种想法，例如，幼儿时期之所以存在焦虑或者幻想，是因为在那个阶段，孩子们还无法从观察或者他人的解释中获得有用的知识。可能有人会问，这种渗入女性身体过程的本能知识是否必然预示着对作为接收器官的阴道存在的本能知识。我认为，如果我们接受弗洛伊德的观点，即"孩子的性理论是以孩子自己的性构成为模型"，那么答案就是肯定的，因为这只能意味着儿童的性理论发展路径被自发经历的冲动和器官感觉所标记和决定。这种性理论起源已经得到合理化的详尽论述，如果我们接受这种性理论的话，就必须承认这样一个事实，本能知识能够在戏剧、梦想和多种形式的焦虑中找到象征性的表达方式，但很明显本能知识还未得到充分详尽的解释。换句话说，我们必须假设强奸的恐惧、青春期的特征和小女孩的幼稚焦虑都是基于阴道器官的感觉（或从这些感觉发出的本能冲动），这意味着某些东西应该插入身体的那个部位。

　　我认为我们可以提出一个反对性的答案，也就是说，很多幻想表明，只有当阴茎第一次插入女性的身体时才产生了阴道。要不是本能的先前存在和隐藏在其下的性器官感觉具有接受的被动目标，此类幻想根本不会存在。有时候，这种类型的幻想发生的联系清楚地表明了这种特殊想法的起源。因为偶尔会发生这样一种情况：由手淫的有害后果产生的焦虑普遍出现时，患者的梦可能会伴随出现以下几种情况：患者在做针线活儿时，忽然看到针眼，便会产生羞耻感；或者她在经过河或者峡谷上面的桥梁时，桥突然从中间断裂；或者，她正在沿着一个滑坡走，突然滑倒，面临着坠入悬崖的危险。

从这样的幻想中我们可以推测，当这些患者都是孩子，她们沉迷于手淫时，被阴道的感觉所引导着发现了阴道的存在，她们由焦虑而产生恐惧，因为她们觉得那里本没有洞，是她们自己的行为导致了洞的出现。我在此强调，我从未完全相信弗洛伊德所解释的"为什么女孩比男孩更容易和频繁地抑制直接生殖器手淫"。我们知道，弗洛伊德认为（阴蒂）手淫对小女孩来说变得可憎，因为与阴茎的比较会打击他们的自恋。当我们考虑到手淫冲动背后的驱动力时，自恋的羞辱似乎并不足以产生抑制。另一方面，她在该区域做出的无法挽回的伤害可能足以防止阴道手淫，并强迫女孩约束自己的阴蒂手淫行为，或者永久抑制她们的手动生殖器手淫。我相信，我们进一步证实了这种早期对阴道损伤的恐惧，并且充满嫉妒地与男性进行了比较，我们经常听到这种类型的患者，他们说男性的下体"保护得非常好"。同样地，对于一个女人来说，手淫过程中产生的最深的焦虑，是让她无法生育孩子的恐惧，她们认为这似乎与身体内部有关，而不是与阴蒂有关。

这是支持早期阴道兴奋的存在和重要性的另一点。我们知道观察性行为会对儿童产生极大的刺激作用，如果我们接受弗洛伊德的观点，我们必须假设，这种性兴奋引诱小女孩产生想要被阴茎插入的冲动，它与小男孩被唤醒的阴茎冲动一样。但是我们必须要问：在对女性患者的分析中，几乎普遍存在焦虑情绪，巨大的阴茎可能会戳穿她的身体这种恐惧到底来自何处？实际上，认为阴茎过大这种印象是可以追溯到童年时期的，父亲的阴茎出现时，小女孩会感到惊讶和恐惧。或者，对性焦虑的象征性意义中的女性性角色的理解起源是什么？为什么这些早期的性兴奋会再次出现？在女性的精神分析中，当患者的"原始形象"被唤醒时，如何解释个体对母亲产生的嫉妒与愤怒呢？如果那时患者只能够分享来自父亲的兴奋，那这又是如何产生的呢？

我总结一下以上全部资料。在随后的性交中，强烈的阴道高潮伴随着性冷淡；没有局部刺激的自发性阴道兴奋，性交中的性冷淡；由于需要了解早期性游戏、幻想和焦虑的全部内容，以及后来对强奸的幻想以及对早期性观察的反应而产生的反思和问题；最后，通过手淫产生女性焦虑的某些内容和后果。如果我将所有上述数据放在一起，我只能看到一个假设，即对所有这些问题给出一个令人满意的答案，假设从一开始阴道就会发挥其自身适当的性作用。

与这种思路密切相关的是性冷淡的问题，在我看来，问题不在于如何将性能量的敏感性传递到阴道，[1]而在于具有感觉性的阴道，为什么完全不能对强烈的性兴奋做出反应，或者只能做出一点点不成比例的微弱的反应，并且，性交中的性兴奋为什么会伴随情感刺激和局部刺激？当然，只有一个因素比愉快感更强烈，那就是焦虑。

我们马上又会面临这样的问题：阴道焦虑或幼儿时期的条件性因素意味着什么？分析首先揭示了对男性的阉割冲动，以及与此相关的焦虑，其来源是双重的：一方面，患者畏惧她自己的敌对冲动，另一方面，她预期的报应依据因果法则，即她体内的东西将被破坏、偷走或吸出。现在，正如我们所知，这些冲动在很大程度上并不是最近的起源，而是可以追溯到婴儿的愤怒情绪和对父亲报复的冲动，小女孩遭受的失望和挫折所引发的感受。

梅兰妮·克莱因描述了一种与此非常相似的焦虑，它们可以追溯到早期对母亲身体产生的破坏性冲动。此外，这

---

[1] 弗洛伊德假设性能量紧密聚集在阴道周围，因此要将敏感性传到阴道是很困难的，甚至根本不可能。为了回复弗洛伊德的这种假设，我想冒一下险，用弗洛伊德自己的观点来证明他的这种想法是错的。他向我们展示了我们是如何奋力抓住享受的可能性的，即便是没有性过程的享受。他讲得很有说服力，例如，身体的移动、演讲或者思考都充盈着性色彩，事实上，这些过程与痛苦和焦虑一样，都是让人感到痛苦或压抑的经历。那么我们接下来是不是可以这样假设，在充满愉快的性交经历中，女性在这种经历当中竟然选择了退缩！在我看来，这种问题根本就不会发生，我不同意海伦·多伊奇和梅兰妮·克莱因提出的论断，她们认为性能量可以从口腔转移到生殖器区域。毫无疑问，在很多案例中，这两者是有很密切的联系。唯一的问题是，我们是否可以认为性能量是可以转移的，或者是否口腔也属于，并且一直属于生殖器领域这种观点是不可避免的。

是一个恐惧受到报复的问题，它可能会以各种形式出现，但一般就其本质来说，所有渗透身体或已经存在的东西（如食物、粪便、儿童）都可能变成隐患。

尽管从最底层来看，这些形式的焦虑与男孩的生殖器焦虑类似，但它们从那种倾向于焦虑的特征中扮演着特定的角色，这也是女孩生理构成的一部分。在本篇以及其他早期的论文中，我已经指出了这些焦虑的来源，在这里我只需要完成并总结之前所说的内容：

（1）他们首先从父亲和孩子的生殖器开始比较，父亲的阴茎和小女孩的阴道尺寸差异悬殊。我们不需要费力去决定是否从观察中推断阴茎和阴道之间的差异，或者是否本能地捕捉阴茎和阴道之间的差异。令人难以理解且确实不可避免的结果是，任何满足阴道感觉产生的紧张感的幻想（即渴望接纳自己，接受自己）都会引起自我的焦虑。正如我在论文《恐惧女性》中所表明的那样，我相信，这种生物学决定的女性焦虑形式与男孩和母亲有关的生殖器焦虑不同。当他幻想生殖器冲动得以实现时，他面临着一个非常伤害他自尊的事实（"我的阴茎对我母亲来说太小了"）；而对小女孩来说，她们面对的是身体的一部分遭到破坏。因此，回到其最终的生物学基础，男性对女性的恐惧是由生殖器自恋导致的，而女性对男性的恐惧则是由肉体导致的。

（2）第二个特定的焦虑来源，即小女孩对成年亲属月经的观察，戴利[1]特意强调了其普遍性和重要性。除了对阉割的所有（"次要的"）解释，她第一次看到了女性身体的脆弱性。同样，通过观察母亲的流产或分娩，她的焦虑也明显增加。因为，在儿童和（当压抑作用时）无意识的成年人眼里，性交和分娩之间存在非常紧密的联系，这种焦虑可能既表现出分娩恐惧，又表现出性交恐惧。

（3）最后，我们从小女孩对她早期阴道手淫做出的反应（再次归因于她身体的解剖结构）中得出了焦虑的第三个具体来源。我认为，比起男孩，这些反应的影响可能在女孩身上更持久，这主要有以下原因：首先，她无法确定手淫的影响。男孩在经历生殖器焦虑时，他总是可以向自己证明，生殖器确实存在，而且完好无损。[2]小女孩没有办法证明自己，她的焦虑毫无现实基础。相反，她早期的阴道手淫尝试让她感到身体更加脆弱，[3]因为我在分析中发现，对于小女孩来说，尝试手淫或者与其他小朋友尝试性游戏时，会因处女膜很小的破裂而产生微弱的伤害或者感

---

[1] 戴利：《月经情结的起源》，载《意象》第14卷，1928。

[2] 这些真实的情景和无意识焦虑起源的强度是一定要纳入考虑范围的。比如，男性可能会由于包皮过长而感到更加焦虑。

[3] 我们很有必要回忆一下妇科医生维尔汤姆·尼卜曼的观点（他的观点不是精神分析学派的），他在《心理原理》这本书中谈到，女性的"脆弱"是女性的具体性别特征之一。

到疼痛。[1]

如果整体发展顺利的话，比如：童年的对象关系尚未成为冲突的有效来源，这种焦虑得到了令人满意的克服，那么主体就可以认同她的女性角色。我认为，在发展不利的情况下，焦虑对女孩的影响比男孩更持久，事实表明，人们一般倾向于放弃直接性的生殖器手淫，或者将其限制在更容易接触到的阴蒂上，同时可以减轻焦虑。通常与阴道有关的一切，对阴道存在、阴道感觉和本能冲动的了解都会屈服于无情的镇压；简而言之，在人们虚构的假设中，长期认为阴道是不存在的，同时，这种假设决定了女孩对男孩性角色的偏好。

在我看来，所有这些考虑都非常有利于这样的假设，即"未能发现"阴道背后是对其存在的否定。

我们仍然需要考虑早期阴道感觉的存在，或阴道的"发现"对于我们了解早期女性性行为的整体概念的重要性。虽然弗洛伊德没有明确说明，但很明显，如果阴道最初仍然是"未被发现的"，那么这就是一个支持生理决定的强有力的论点，也就是说小女孩存在最基本的阴茎嫉妒，或者说她们也有最原始的阴茎组织。因为如果没有阴道感觉

---

[1] 这些经历在精神分析中很常见。首先，这种对生殖区域受到伤害的放映式的回忆会一直在之后的生活中持续，可能会持续一整个季节。患者在回忆起这些经历的时候会表现出于原因不对等的恐惧和羞耻感。第二，患者可能会有一种无法抵抗的恐惧，她们觉得这样的遭遇还会再次发生。

或渴望存在，而根据阴茎去构想所有欲望集中于阴蒂，那么我们只能这样理解，小女孩想要的乐趣的特定来源，或者任何特定的女性愿望，一定会驱使她们把关注点全部放在阴蒂上，她们还会拿阴蒂与小男孩的阴茎进行比较，之后，由于她们确实在这种比较中处于劣势，她们便会觉得自己的确不堪一击。[1]另一方面，正如我猜想的那样，小女孩从最初的阴道感觉和相应的冲动经历中，她一定从一开始就对她自己的性角色的这种特殊性质有一种生动的感觉，并且很难解释弗洛伊德假设的原始阴茎嫉妒。

在本文中，我已经讲明了，初级阴茎性行为对女性整体的性欲概念有着重大影响。如果我们假设存在一种具体的、基础的阴道性欲，那么之前的初级阴茎假设如果不能完全排除在外的话，二者会产生强烈的冲突，使得结果变得难以捉摸。

[1] 海伦·多伊奇通过逻辑辩论过程得出阴茎嫉妒的基础。海伦·多伊奇：《受虐狂在女性精神生活中的意义》，载《国际精神分析杂志》第11卷，1930。

第十章　女性性功能失调的
心理因素[1]

　　过去的三四十年里，大量妇科类文献对女性性功能失调造成的生理影响进行了探讨，各位学者的意见十分广泛。一方面，有学者倾向于将这些因素的意义缩小化，比如，他们承认女性肯定是有情感因素的，但又认为这些因素取决于个体体质、腺体或者其他身体状况。

　　另一方面，我们可以看到，很多学者更倾向于认为心理因素起更重要的作用。支持这种观点的学者认为，这些因素不仅可以看作是性功能失调，例如假性怀孕、阴道痉挛、性冷淡、月经失调、充血等，他们还宣称心理因素似乎要比疾病和激素紊乱更让人容易产生疑惑，比如早产或晚产、子宫炎症、不孕不育、白带异常等等。

　　由于巴甫洛夫的实验已将其置于经验基础之上，因此通过精神刺激可以带来身体变化这一事实不容置疑。我们知道通过刺激食欲可以影响胃液的分泌，在恐惧的影响下可以加速心律和排便，某些血管舒缩变化，例如脸红，可能

　　[1] 宣读于1932年11月18日召开的芝加哥妇产科医学协会会议，载《美国产科学与妇产科医学》第25期，1933。

是一种羞愧的表现反应。

我们还对这些刺激从中枢神经系统到外周器官的路径有了相当准确的描述。

从这些相当简单的联系突然跳跃到心理冲突是否会引起痛经，这个话题似乎发生了很大的改变。然而，我认为根本的差异不是过程本身，而是逻辑方法。你可以安排一个实验情景：你去刺激一个人的食欲，然后测量一下他胃腺的分泌物。同样，你也可以测到人在产生恐惧时的分泌物，但是你没办法安排一个引起痛经的实验情景。痛经的情绪过程太复杂，无法在实验情况下建立；但即使你可以通过实验让一个人暴露于某些非常复杂的情绪状态下，你也不能指望得出任何具体的结果，因为痛经永远不是一次情绪冲突的结果，而总是有一系列情感先决条件，这些条件建立在不同的时间基础上。

由于这些原因，所以我们不可能通过实验来了解这些问题。可以向我们展现具体的情感力量和症状（如痛经）之间的联系的，很显然必须是历史现象，它必须使我们能够通过非常详细的生活史来了解一个人的特定情感结构以及情绪与症状的相关性。

依我看，只有一种心理学学派能够提供所有的高度科学精确性的洞察力，即精神分析。在精神分析中，你会得到一个关于心理因素的性质、内容和动态力量的图片，因为它们在现实生活中是有效的，如果一个人想要科学地讨论性功能障碍是否是由情感因素引起的，那么就必须具备这

· 180 ·

些知识。

我不会在这里详细介绍这种方法，但只能以非常简洁的形式呈现我的分析工作中的一些情感因素，这些因素对于理解女性性功能疾病至关重要。

我从一个反复引起我注意的事实开始说。我的女性患者因为下面几种不同的心理原因前来分析治疗：各种焦虑状态、强迫性神经症、抑郁症、工作中的压抑症以及与人交流困难症。在每一种神经症中，她们的性心理生活都受到了干扰。她们与男人、儿童或两者的关系在某种程度上受到严重阻碍，令我印象深刻的是：在这些非常不同类型的神经症中，每一例都有生殖系统的功能性紊乱，所有程度的性冷淡、阴道痉挛、各种月经失调、瘙痒、疼痛和溢液等，它们都没有器官基础，并在发现某些无意识冲突后消失，各种抑郁症的恐惧，如对癌症或不正常的恐惧，以及怀孕和分娩中的一些干扰似乎表明了心理性的起源。

这里出现了三个问题：

（1）一方面扰乱了性心理生活与另一方面女性性功能障碍的巧合可能非常引人注目，但这种巧合常见吗？

精神分析师的优势在于能够非常彻底地了解一些案例，但毕竟，即使是忙碌的精神分析师也只能看到相对较少的案例。因此，即使我们发现我们的结论得到了其他观察结果和民族学事实的证实，关于我们研究结论的频率和有效性的问题也是妇科医生在未来某个日期应该给出答案的问题。[1]

　　当然，对他们来说，这项调查需要时间和心理训练，但如果只将部分投入实验室工作的能量纳入心理训练，那肯定有助于澄清问题。

　　（2）如果我们假设这种巧合经常存在，那么，在体质或腺体条件的共同基础上，性心理失调和性功能失调都不会出现吗？

　　我现在不想详细讨论这些非常复杂的问题，我只想说，根据我的观察，这些功能因素和情绪失调没有经常共存。例如，有些男性具有鲜明的男性态度，且对女性角色强烈反感。第二性征——一些人的声音、头发、骨骼倾向于阳刚，但大多数都有绝对的女性习惯。对于这两个群体——男性化的和明显女性化的，你可以从情感变化的冲突中找到，但只有在第一组中才能在体质基础上产生冲突。我认为，只要我们不知道体质因素以及他们对随后态度的具体影响，那么认为两者存在联系这种假设就是错误的。此外，如果忽视心理因素，这种假设可能导致非常危险的治疗后果。例如，在由哈尔班（Halban）和塞茨（Seitz）编著的最现代的德国妇科学教科书中，一位撰稿人马特斯描述了一名女孩寻求治疗痛经的案例，她曾患过一年半的痛经。她说她在舞会上感冒了，后来她发现她已经开始与男人发生性关系。她告诉马特斯，那位男性激发起她强烈的

---

[1] 编者注：霍妮博士认为妇科医生对她们的发现判断得更加精确，比起分析学家，她们每天接触更多的病人，会贡献出大量的数据。

性兴奋，但同时她又会被他激怒。当她表现出他所谓的"雌雄间性型"时，马特斯建议她与这个男人分手，按照理论来说，她就是那种在性关系中不能感到快乐的女性。她试着听从他的建议，于是两次月经都没有疼痛。之后她恢复了恋情，痛苦再次出现。

这似乎是一个相当激进的治疗结论，基于非常肤浅的知识，并让我想起《圣经》中的这句话："如果你的眼睛冒犯了你，那就把它挖出来。"

从医疗角度来看，看一下可能由某些体质因素引起的冲突的心理层面可能会更好，特别是当这些因素不存在时，我们也经常会看到相同的冲突存在。

（3）这是我现在要讨论的第三个问题，其精确的表述是，"在性心理生活中，某些心理态度与某些功能性生殖器失调之间是否存在特定的相关性？"不幸的是，人性并不简单，而且我们的知识还不够先进，无法帮助我们做出非常明确和严格的陈述。事实上，你会发现所有这些患者都存在某些基本的性心理冲突。这些冲突反映出一个事实，所有患者身上都存在某种程度的性冷淡，至少有一种过渡性性冷淡，但与某些特定功能症状有一般性的关联中，一些具体的情感和因素起着主导作用。

性冷淡作为基本干扰，人们总会发现以下特征的心理态度：

首先，有性冷淡症状的女性对男性的态度很矛盾，表现为不同程度的怀疑、敌意和恐惧，这些态度几乎没有完全公开的。

例如，一名患者潜意识里确信所有男性都是罪犯，应该被杀死，这种信念是她将性行为视为血腥和痛苦的自然结果，她认为每位已婚女性都是英雄。一般来说，这种对抗的形式是以一种伪装的形式表现出来的；人们可以通过患者的行为，而不是她的言语，来了解她对男性的真实态度。女孩子们可能会坦率地告诉你她们有多关心男性，她们有多么想把男性理想化，但与此同时，你也会看到她们会毫无理由地将"男朋友"粗鲁地抛弃。举一个典型的例子：我有一个病人X，她与男人有着非常友好的性关系，但维持时间从未超过一年。经过一段短暂的间隔后，她就会开始觉得这个男人越来越让她感到愤怒，直到她无法继续忍受，然后她会找一些借口和他分手。事实上，她对男人的敌意冲动变得越来越强烈，以至于她害怕她可能会伤害他们，于是选择自己离开。

有时你会发现，一些患者告诉你，她们对自己的丈夫很忠诚，但是更深入的调查显示，所有那些很小但是很困扰人的敌意信号每天都会出现，例如，她们对丈夫有一种很根本的蔑视态度，贬低他们的优点，从他们的兴趣或者朋友圈当中撤离，向他们提出过高的经济需求，或者打一场平静而持久的权力战。

在这些情况下，你不仅可以或多或少看到一些本能的印象，性冷淡是对潜在敌意的一种直接表达，而且在精神分析的某些高级阶段，你会看到，当与男性产生新的内部矛盾时，性冷淡是如何被激发的，以及当矛盾得以解决后，它又是如何终止的。

这是男性和女性心理学的显著差异。在一般情况下，女性的性与温柔、感觉和喜欢之间的联系远比男性更加紧密。对一般男性来说，他们与女性发生性关系并不是因为有多喜欢她们。相反，在性生活和爱情生活之间往往存在分歧，因此在极端情况下，这样的男人只能与他不喜欢的女性发生性关系，而面对他们真正喜欢的女性，他们毫无性欲，甚至会性无能。

对于大多数女性来说，你会发现性和整个情感生活之间更加紧密和统一，可能是出于明显的生物学原因。因此，在无法给予或接受性行为时，暗中敌对的态度将很容易表达出来。

对男性的这种敌对的态度不需要太根深蒂固。在某些情况下，能够唤醒这些女性柔情的男性可能完全能够克服性冷淡，但在另一系列的案例中，这种敌对防御的态度非常深入，如果女性要摆脱它，就必须暴露它的根源。

在第二个系列中，你会发现她们在童年早期就已经获得了对男人的对抗感。要理解早期生活经历的深远影响，没有必要对分析理论有太多了解，但只要明确两点：孩子天生就有性感受，他们的感受非常激烈，可能要比我们这些在压抑中长大的人的感受更加强烈。

你会发现，在这些女性的成长史中，她们可能会对早期的爱情生活感到深深的失望：她们喜欢的父亲或者是哥哥让她们感到失望；或者情况完全不同，如下例所示。一位患者曾在她11岁的时候引诱了她哥哥。几年之后，她哥哥死于流行性感冒，她感到十分愧疚。不过，三十年后，在她来接受分析时，她确信是自己害死了哥哥。她觉得是她的引诱导致她哥哥开始手淫，哥哥的死是由于手淫过度造成的。这种内疚感让她讨厌自己的女性角色，她想成为一个男人，她对男性充满嫉妒，想在任何可能的时候都去打压男性，并且还有强烈的阉割梦想和幻想，最终成为一个绝对的性冷淡。

顺便说一下，这种情况可以对阴道痉挛的心理发生予以解释。尽管这位患者的处女膜没有任何异常，她丈夫也有性能力，但是她在结婚四周以后才第一次发生性关系，而且是和一位外科医生。痉挛一部分表现为她对女性角色的强烈对抗，一部分是她对嫉妒男性的阉割冲动的抵制机制。

这种对女性角色的厌恶往往会产生很大的影响，无论它如何开始。在一个案例中，患者有一个父母都偏爱的弟弟。患者对他的嫉妒毁了她的整个人生，尤其是在她与男性相处方面。她想成为一个男人，并在梦幻中扮演着这一角色。在性交过程中，她有时会有意识地改变性别角色。

在这些性冷淡女性中，你会发现另一种冲突情况，这种情况往往更为重要，她们会与母亲或姐姐发生冲突。她们在潜意识中对母亲的感觉就不同。有时这些患者在治疗开始时承认，即便是面对她们自己，她们也只承认他们与母亲关系的积极方面。她们已经感到震惊的可能是，尽管她们渴望母亲的爱，但她们实际上总是与母亲对着干。在其他情况下，她们之间存在着明显恶恨意。但即使她们意识到存在冲突，她们既不知道它的根本原因，也不知道这对她们的性心理生活的影响。例如，这些基本特征之一就是，母亲就像是一个中间人，她持续性抑制着这些女性的性生活和性乐趣。一位人类学家最近报告了一种原始的部落习俗，它揭示了这些冲突的普遍存在：父亲去世后，女儿们仍留在逝世的父亲的家中，但儿子们都会离开，他们担心已逝世的父亲的灵魂会对他们有敌意，甚至会伤害他们。而母亲去世后，儿子们会仍旧留在家中，但是女儿们又会离开，因为她们害怕母亲的灵魂会杀害她们。这种习俗表现了对报复的同等的敌意和恐惧，而这种报复会在对性冷淡女性的分析中发现。

在这里，一个不了解分析过程的人可能会问：如果患者没有意识到这些冲突，你怎么能这么肯定地相信它们的存在以及扮演的角色呢？这个问题有一个答案，但对于缺乏分析经验的人来说，这可能很难理解。患者过去的非理性态度会重新被激起，并会指向精神分析师。例如，患者X有意识地对我很深情，尽管这种深情总是夹杂着恐惧。但是，当她幼儿时期对母亲的仇恨快要浮于表面时，她在候诊室里因恐惧而颤抖，她饱含感情地看着我，就仿佛是在盯着一个无情的魔鬼。很明显，在这些情况下，她将对母亲的旧恐惧转移给了我。一件特殊的小事引起了我对这种恐惧的关注，母亲的禁止对女儿的性冷淡起到很重要的作用。在接受分析期间，她的性抑制渐渐消失以后，我离开了两周。后来她告诉我，有天晚上她和朋友一起喝酒，但是酗酒过度，她不记得之后发生的事情。但是她朋友告诉她，她那天异常兴奋，主动要求发生性关系，并且完整到达性高潮（在那之前她一直都是性冷淡）。那天晚上她大声宣称了好多次，带着胜利的欢呼，她说："我终于可以结束霍妮对我的治疗了。"我作为她幻想中令人恐惧的母亲也不用再出现了，因此，她成为一个充满爱意的女性，并且以后也无所畏惧了。

另一位患有阴道痉挛，并且后来发展成为性冷淡的患者将她对母亲的恐惧转移到我身上，同时她还将对比自己大8岁的姐姐的恐惧也转移到我身上。患者多次尝试与男性建立关系，但由于她的这种情结而总是失败。在这种情况下，她经常对我感到十分愤怒，有时甚至会对我产生偏见，觉得是我让男性离开了她。虽然她在理智上意识到我是那个想帮助她找到平衡的人，但对她姐姐的旧恐惧占了上风。某次，她和一个男人进行了她人生中第一次性经历以后，她很快就变得特别焦躁，她觉得她姐姐要把她赶走了。

每一个性冷淡案例中都含有其他心理因素，我现在要提及其中的一些，但我不会深入探讨它们与性冷淡之间的关系，我单会指出它们对其他特定的性功能失调的重要性。

最重要的是，手淫恐惧可能对心理态度和身体过程产生影响。众所周知，鉴于对手淫的这种担忧，几乎每种疾病都可以视为是由它们所导致的。这种恐惧常和女性联系在一起，具体表现为，担心生殖器官因手淫而受到伤害。这种恐惧往往与一个非常奇妙的想法有关，女性可能会觉得自己曾经是一个男孩，因被阉割以后才变成现在这样，这种恐惧可能以不同的形式表达出来：

（1）因为害怕自己"不正常"而产生模糊又深深的恐惧。

（2）有忧郁型的恐惧和症状，例如无机制基础的痛苦和分泌物，会驱使她们去向妇科医生寻求建议。接着她们便会接受一些建议性的治疗或者某种程度的慰藉，然后觉得自己好了起来，但是恐惧自然还会回来，她们便会重复之前的抱怨，有时这种恐惧会让她们觉得坚持进行手术治疗才能被治愈。她们总觉得自己身上有问题，只有通过激进的方式，比如手术，才可以治愈。

（3）恐惧还可能采取以下形式：因为我伤害了自己的身体，所以我以后便不能生育。在那些年龄很小的女孩子中，有时候她们是很清楚这种联系的。但即便是这些年轻患者通常也会先告诉你，她们觉得有孩子是一件很烦人的事情，并且她们这辈子都不会想生孩子。只是很久以后，你才知道这种厌恶的感觉对她们来说是一种"酸葡萄"反应，她们早先强烈希望自己能有很多孩子，而上述恐惧导致她们不敢面对这个愿望。

无意识的趋势和想要生孩子之间有很多冲突，自然的母性本能可能会受到某些无意识动机的阻碍。我现在无法详细举例，只能提出一种可能性：对于那些在心中渴望成为男人的女性而言，怀孕和母亲身份代表着同等的女性成就，都具有很强的意义。

遗憾的是，我从未见过假性怀孕的情况，但可能是因为它无意识地强化了对孩子的渴望。当然，暂时的闭经会表明她们希望以任何代价生育孩子。妇科医生都知道那些经常紧张又沮丧的女性，只要她们一怀孕，就会十分开心，并且会变得镇定。对她们来说，怀孕也是一种特殊的满足感。

在我想到的案例中，加强的不是关于生孩子、护理和爱抚孩子的想法，而是怀孕本身的想法：在体内孕育一个孩子。对她们来说，怀孕赋予了她们一种极大的自恋价值观。有两个这样的案例都是过期分娩。现在得出任何结论还为时过早，但是严格客观来说，我们至少可以这样认为，无意识地想要在体内孕育孩子的愿望，可能是导致过期分娩的原因之一，否则，我们就很难去解释过期分娩。

有时候，发挥作用的另一个因素是分娩时对死亡的强烈恐惧。这种恐惧本身可能是有意识的，但也可能不是。恐惧的真正起源永远不是有意识的，以我的经验来看，其中一个基本因素是对怀孕母亲的原有的抵抗。我记得有一位患者，她特别害怕自己会因分娩而死，她回忆起自己小时候，从小她就一直担心这个问题，所以她一直焦虑地观察着自己的母亲，看她是否会再次怀孕。她每次在街上见到孕妇，就特别想上去踢她们的肚子，同时很自然会产生报复恐惧，她觉得她以后也会遇到同样可怕的情况。

另一方面，母性本能可以通过对孩子的无意识的敌对冲动来抵消，这些冲动对充血、早产和产后抑郁可能造成的影响是一个很有意思的问题。

为了再次回归到手淫恐惧问题，我提到以下可能的想法，患者可能觉得手淫会使身体受到损害，因此会产生抑郁症状。这种恐惧还会以另一种方式表达，那就是对月经的态度。身体会受损的想法使得这些女性对自己的生殖器感到愤慨，因此，月经更加证实了她们的这种想法。对于这些女性，出血和伤口之间存在密切关联。对这些女性来说，例假永远不会是一个自然的过程，她们从心底里厌恶来例假也是可以理解的。

这又使我开始困惑月经过多和痛经的问题。当然，我讲的是不包括任何局部原因或者器质性原因的情况。了解任何功能性月经失调的基础是：与生殖器官的身体过程等同的心理过程就是不断增长的性欲张力。一个在性心理发展方面处于平衡状态的女性遇到这种情况处理起来将毫无困难，但是，很多女性都没有成功地保持平衡，对于这些女性而言，这种增加的性欲紧张是压死骆驼的最后一根稻草。

在这种紧张的压力下，各种幼儿时期的幻想将会复活，特别是那些与出血过程有关的幻想。一般来说，这些幻想都包含着性行为的残忍、血腥以及痛苦等内容。我发现，这种幻想在所有月经过多和痛经患者中起着决定性的作用，毫无例外。如果青春期痛经还没有出现，那么它通常会出现在患者接触到成年人性问题的时候。

我试着举几个例子：以我的一位患者为例，她一直遭受着月经过多的困扰，每次她想到性交的时候，总会想到很血腥的画面。在分析中，我们发现儿童时期的某些记忆对这种想法起着决定性因素，只要在特定情况下就会再现。

她是家里8个孩子中的老大，她记忆中最恐怖的事情就是婴儿出生时的情景。她听到过母亲痛苦的叫声，也亲眼看见过从母亲的房间端出来的血。对她来说，分娩、性和血之间的早期联系十分紧密，以至于一天晚上，当她的母亲出现肺部出血时，她立即将出血与父母的婚姻关系联系起来。月经提醒她，让她想起自己幼儿时期对血腥的性生活的固有印象和幻想。

我刚才提到的病人还患有严重的痛经，她自己完全清楚她真正的性生活与各种虐待狂的幻想有关。不管何时，只要听到或读到残酷的东西时，她都觉得自己产生了性兴奋。她讲了自己经期的痛苦，感觉撕心裂肺般的难受。这种特定的形式是幼儿时期的幻想决定的，她记得自己小的时候一直认为，性交的时候男性会撕开女性身体里的一些东西，痛经的时候，她的身体会自动将这些幻想转换成为疼痛。

我想可能我对心理因素的陈述听上去就像是完全由我幻想的，尽管这些都不是靠想象得出的，但是它只是和我们日常的医学思维有些偏差而已。如果人们希望有超越感情的判断，那么就只有一种科学有效的方法——用事实检验。揭示的想法也许可以解决具体的心理根源，并且会使症状在这个过程中消失，但没有证据表明揭露过程会使症状得以治愈，任何技巧性的建议可能都会带来相同的结果。

科学测试[1]在这里应该与其他科学领域一样：应用自由联想的精神分析技术去观察研究结果是否相似，没有达到这一要求的每一项判决都缺乏科学价值。

然而在我看来，妇科医生还有另一种方法，可以获得某些情绪因素和某些功能失调的特定相关性的证据。如果只给患者一些时间和注意力，至少其中一些人会很容易地揭示他们的冲突。我认为这种推进方式甚至可能具有某种直接的治疗价值，只有经过充分精神分析训练的医生才能进行正确的分析。这个过程的精确程度堪比做手术，不管手术大小，都是十分精确的。一种轻微的心理治疗将包括处理最近的冲突并揭示它们与症状的联系，这方面已经完成的工作可以很容易地扩展。

这种可能性只有一个限制，人们必须意识到：如果一个人希望避免错误，就必须具备足够的心理学知识；对那些情绪容易波动且又没有能力应付自己情绪的人，尤为如此。

---

[1] 编者注：重新组织一下霍妮的语言会把她的意思表达得更清楚一些。科学有效性要求大量经过培训的精神分析师使用自由联想的方法研究一组患有女性性功能障碍和心理性功能失调的病人，这会揭示出相似的心理动力结构；这些患者将会对精神分析疗法做出一定的回应，包括她们自己的症状得到改善，具体的心理冲突得到解决以及对抗得以揭示；随着此类患者人数的增加，更多分析学家会再次验证这些发现。

第十一章　母性冲突[1]

在过去三四十年里，人们对母亲先天的教育能力持有与现在截然不同的评价。大约30年前，母性本能被认为是抚养子女的完美指导。后来经过证明，这点还不够充分，紧接着人们又开始过度强调对教育理论知识的信仰。不幸的是，具有科学教育理论工具的设备被证明不是完美保障，母性本能才是。而现在我们正处于回归中，强调母子关系的情感方面。这一次，我们并没有依赖于本能的模糊概念，而是有一个明确的问题：可以干扰理想态度的情感因素有哪些？它们都源于何处？

在没有试图讨论人们在分析母亲时所看到的各种各样的冲突时，我想努力在这里介绍一种特殊类型，其中母亲与其父母的关系反映在她对待自己孩子的态度上。我想起之前有一个女性患者，35岁的时候来找我咨询。她是一名聪明能干的教师，个性鲜明，从整体看心理状态正常。她有两个问题，其中一个是在得知丈夫背叛她，与其他女人在

---

[1] 发表于1933年召开的美国行为精神病学协会。

一起时，她患上了中等程度的抑郁症。她本就是一位道德
高尚的女性，自身的教育和职业更加强化了她的道德感，
但她同时也养成了宽容他人的态度，所以她自己根本无法
接受对丈夫所产生的潜意识里的敌意。然而，她对丈夫失
去信任影响到了她对他的态度，让她陷入这种困境。她的
另一个问题和她13岁的儿子有关，他患有严重的强迫性神
经症并且还有焦虑症，他自己的分析显示这与他对母亲的
不寻常依恋有关，这两个问题都得到了满意的解决。5年后
她又来找我，这次的问题其实是她第一次来时就隐藏着的
问题，现在被揭开了。她曾经说过，她的一些男学生对她
产生好感，这种感情绝不是师生之情，事实上，有证据表
明某些男孩已经疯狂地爱上了她，她问自己她是否与这种
刺激性的激情和爱情有关。她觉得她对这些学生的态度是
错的，她指责自己在情感上对这种激情和爱情做出回应，
并陷入严重的自责。她坚信我一定会谴责她，但我并没有
这么做，她为此感到难以置信。我努力说服她，我和她说，
这种情况其实没有什么特别之处，如果一个人能够在一个领
域努力工作并取得创造性成就的话，那么更深层次的本能理
应起到作用。这种解释并没有减轻她的负担，所以我们就得
去寻找这些关系的深层情感来源。

最终找到以下来源：首先，她自己感情的性特征变得很
明显。其中一个男孩跟着她去了她接受分析的城市，她实
际上爱上了这个20岁的小男孩。让人感到惊讶的是，看到
这个蓄势待发的女人与她自己、与我进行斗争，同时，她

是在与自己的冲动进行斗争，她想和一个与自己年龄不相符的男生谈恋爱，她想打败所有传统的障碍，她认为那些障碍是影响她爱情关系唯一的绊脚石。

随着发展的进行，我发现这种爱不只是对这个男孩。在她看来，这个男孩，还有之前的其他男孩，显然都是她父亲的形象代表。所有这些男孩都有某些身体和心理倾向，这让她想起了她的父亲，这些男孩和她父亲经常会以同一个身份出现在她梦里。

她开始意识到，她青春期对父亲的强烈反对，背后包含的是潜意识里对他强烈又深刻的爱。在对父亲固恋的情况下，受试者通常表现出对年长男性的明显偏爱，因为他们似乎都代表着父亲。在这种情况下，幼儿时期的年龄关系被逆转。她试图采取幻想的方式去解决这个问题："我不是那个永远得不到父亲的爱的小孩，等我长大了，父亲就会变小，到时候我就是他妈妈，而他就会变成我儿子。"她记得，在她父亲去世时，她的愿望就是躺在他身边，将他抱在怀里，像母亲一样对待孩子那样。

进一步分析表明，那些年少的男孩子们只是成了她的爱情寄托，是她对父亲爱情转移的第二个阶段的接受者。她儿子是这种爱情转移第一阶段的接受者，然后她将感情转向这些与她儿子年龄相同的男孩子身上，以便转移她对于乱伦爱情集中的注意力。她对学生的爱是一种逃避，是对她儿子的爱的次要表达形式，她儿子是她父亲的主要化身。一旦她意识到自己对其他男生的感情，她对儿子的那种强烈的感情就会大大减弱。到目前为止，她每天都会收到一封男孩的来信，否则她就会感到特别焦虑。当她对其他男孩的激情占据全部时，她对儿子过激的情感控制会迅速消失，实际上，这就证明了这个男孩以及在他之前的所有其他男孩是如何代替她儿子的。她丈夫也比她年轻，性格也比她弱得多，而且她与丈夫的关系也明显具有母子特征。儿子出生后，她对丈夫的感情就失去了感情上的意义。事实上，正是她这种对儿子的过度掌控，才导致了儿子在青春期开始时出现严重的强迫性神经症。

我们的基本分析概念之一是，性欲不是从青春期开始，而是从出生开始，因此我们早期的爱情总是具有性特征。正如我们在整个动物王国中看到的那样，性行为意味着不同性别之间的吸引力。我们可以看到，这种情况在童年时期就表现出来了，女孩本能地更喜欢父亲，而男孩会更喜欢母亲，与同性父母有关的竞争和嫉妒因素是产生这种冲突的主要原因。在上述案例中，我们以悲惨的方式看待冲突的发生，因为它波及了三代人。

我在五个案例中都看到了这种情况，就是把对父亲的爱情转向自己的儿子，这种对父亲的爱情常会在无意间死灰复燃。只有在两种情况下，对儿子的性本质的感觉才是有意识的，对这段母子爱情的高度情感控制也是有意的。要理解这种关系的特征，人们必须认识到，它从本质上讲就是一种不安分的关系。不仅乱伦的性因素从幼儿关系转移到父亲身上，而且还有必然与之相关的敌对因素。怀恨在心的感觉是不可避免的，结果就会导致由嫉妒、沮丧和愧疚造成难以收场的影响。如果对父亲的感觉整体转向自己的儿子，那么儿子接受到的不只是爱情，还有原有的恨。从规则上讲，两者都会受压抑，爱与恨之间的冲突会以过分焦虑的形式无意识表现出来。这些母亲看到她们的孩子经常被危险所困扰，她们夸张地担心小孩可能患上疾病、感染，或遇到意外。她们对孩子的关心达到近乎疯狂的程度。我们所讲的这位女性通过沉迷于照顾自己的儿子来保护自己，在她看来，儿子被无数危险包围。在儿子小时候，他附近的一切都必须消毒杀菌。甚至到后来，只要他稍微觉得不舒服，她就不去学校教书，全身心留在家里照顾他。

在其他案例中，此类妈妈们都不敢触碰自己的儿子，因为担心自己会伤害到他们。我想到两个女人，她们专门请了保姆来照顾她们的儿子，尽管这笔支出很大，可能已经超出她们的预算，且保姆的出现，从家庭情感角度来讲是很不方便的。但是妈妈们更愿意忍受保姆的存在，因为她们可以保护儿子不被伤害才是更重要的。

还有另一种原因导致了这些妈妈们过于焦虑的态度。她们的爱具有禁止乱伦的爱的特征，她们经常会有那种威胁感，就是觉得儿子要被别人带离她们了。例如，一位女士梦见她站在教堂里，抱着儿子，她不得不把儿子交给一些可怕的圣母。

在父亲固恋的情况下，另一个复杂因素通常是由于母女之间存在的嫉妒。母亲和成熟女儿之间的一定程度的竞争是很自然的事情，但是，当母亲自己的俄狄浦斯情结引起过度强烈的竞争意识时，它可能会采取怪诞的形式，并在女儿的婴儿期早期就开始。这种竞争一般表现为对女儿的恐吓、嘲笑以及贬低，阻止她变得有魅力，不让她和男生约会，等等，在她女性发展的路上总是做出一些隐性的阻碍。尽管发现各种表现形式背后隐藏的嫉妒很困难，但心理学机制整体其实是一个很简单的基本结构，因此不需要任何细节描述。

我们来考虑解决一种更加复杂的情况，这种情况下，女性感到自己对母亲（而不是父亲）有特殊且强烈的依赖。在我分析的这种情况下，某些特征一直很突出。以下这个案例十分典型：一个女孩可能有理由很早就对她自己的女性世界不喜欢，也许是因为她的母亲恐吓过她，或者她从父亲或哥哥身上经历了彻底毁灭性的失望，可能她早期的性经历吓坏了她，或者她可能发现她的哥哥非常喜欢自己。

由于这一切，她在情感上背离了她天生的性角色，并发展出男性化的倾向和幻想。男性化的幻想，如果一旦确立，就会产生对男性的竞争态度，从而加剧了对男性的原始怨恨。很明显，持有这种态度的女性并不适合结婚。她们性冷淡，她们的不满和男性趋势会表现出来，例如，她们会有很强的控制欲。假如这些女性结婚并生育孩子后，她们可能会对自己的孩子表现出极度夸张的依恋，这通常被描述为孩子身上的封闭的性欲幻想。这种描述虽然正确，但并未对正在进行的特定过程提供任何见解。认识到这种发展的起源，我们可以将单一特征理解为试图解决某些早期冲突的结果。

女性的主导态度和她绝对控制孩子的愿望表现出男性化的倾向，或者她可能会害怕这一点，因此对孩子的管控会很宽松。这两个极端中的其中一个可能会表现出来，她可能会无情地窥探孩子们的事情，或者她可能害怕涉及虐待狂倾向，所以会保持被动，不敢干涉。对女性角色的愤恨表现在她教育孩子的方式上，她告诉孩子们男人是侵略者，而女人是受害者，女性角色让人讨厌但又让人同情，月经是一种病（"祸根"），性交是丈夫色欲的牺牲品。这些母亲不会容忍任何性表达，尤其是对她们的女儿，但是对儿子也经常是如此。

这些男性化的母亲往往会对女儿产生一种过度的感觉，类似于其他母亲对儿子的感觉，女儿往往对母亲过于强烈的依恋予以回报。女儿与她自己的女性角色疏远，并且由于所有这些因素，她发现在以后的生活中很难与男性建立正常的关系。

在另一个重要的方式中，孩子们也许可以真正直接地唤醒自己父母的形象和作用。在婴儿和青少年时期，父母不仅是爱与恨的对象，也是婴儿恐惧的对象。我们意识的形成，特别是我们称之为超我的无意识部分，很大程度上是由于父母在我们的个性中融入了令人恐惧的形象。

曾经依附于父亲或母亲的原有的恐惧也可能会转移到孩

子身上，并且可能会给他们造成很大且模糊的不安全感。由于各种复杂的原因，这种情况在这个国家好像尤为突出。父母以两种主要形式表现出这种恐惧，他们害怕被孩子拒绝，害怕自己的行为，饮酒、吸烟、性关系会受到孩子们的批评，或者他们不断担心他们是否给予孩子适当的教育和培训。其原因是对孩子们有一种隐性的内疚感，导致过度放纵，以避免他们的反对，或者公开的敌意，也就是说，本能地使用攻击作为一种防御手段。

这个主题还没有详细阐述，还有许多与母亲的双亲之间的间接冲突导致的结果。我的目标是，明确儿童可能直接代表原有形象的方式，从而强制性地刺激曾经存在的相同情绪反应。

可能会有人提出这样一个问题："我们在儿童指导和改善抚养条件等方面的这些不同见解有何实际用途？"在单个案例中，对母性冲突的分析将是帮助任何儿童的最佳方式，但它在更广义的范围上是无法实现的。但是，我认为，从对这些相对较少的案例的分析中获得的非常详细的知识，可以指出遗传因素真正存在的方向，以便指导未来的工作。此外，了解其中出现病因学的因素表现出的伪装形式的知识，可能有助于在目前的实际工作中更容易地检测它们。

第十二章　过分重视爱情[1]

——对现代普通女性气质类型的研究

女性在实现自我独立、扩大自己的兴趣范围和活动范围这个过程中遭到很多质疑，很多人认为这些努力不过是经济需求的表象而已，这与她们原本的意愿和自然趋势相违背。因此，据说所有这类努力对女性来说都没有任何重要意义，她的每一个想法，实际上，应该完全以男性或母亲身份为中心，正如玛琳·黛德丽（Marlene Dietrich）在她的知名歌曲中唱到的"我只知道爱，其他一无所知"。

这个话题让我不由得想起各种社会学思想，然而，社会学的思想有时候太过熟知和清晰，因此无须再继续讨论。这种对待女性的态度，不论建立在什么基础上，也不管它的评价如何，它都是父权主义下理想女性的化身，也就是那些渴望一生只爱一个人，并被他所爱，尊重他、服从他，甚至去效仿他。那些坚持这种观点的人错误地从外在行为中推断出女性天生的本能性倾向的存在；然而，实

---

[1] 载《精神分析学季刊》第3卷。

际上，我们不能简单地这么认为，因为生理因素不会纯粹地表现出来，一般都是加以掩饰后才表现出来，它们始终受传统和环境的影响，并且在不断地发生着变化。正如布立伏尔特（Briffault）最近在《母亲们》一书中详细指出的那样，布立伏尔特认为，"继承传统"的改良因素不仅是基于理想和信仰的，还与感情态度和所谓的本能有关，它们都不应该被高估。[1]然而，继承传统对女性来说，不过是她参加的原本非常广泛的一般性的活动，后来被缩小到了性爱与母亲身份的范围内。对继承传统的坚持满足了社会和个体特定的日常需要，这里我们先不谈它们的社会方面。从个人心理学的角度考虑，这里需要指出的是，一方面这种精神建设有时候对男性来说很不方便，另一方面，这也是他们自尊总是得到支撑的来源。相反，对于女性而言，她们在长达几个世纪里一直保持着低自尊的心态，这种精神构建对她们来说是一个避风港，在这里她们只需要面对批评和竞争，不需要分散出精力来培养其他能力，也不会因为要建立自尊而感到焦虑。因此，单从社会学的角度来讲，这是可以理解的，目前，那些尊重自己独立发展冲动的女性可以做到这一点，但她们也要因此付出代价，

---

[1] 布立伏尔特：《母亲们》（1927），第253页："对劳动力进行性别合理的分工是基于原始社会时期整个社会的发展情况，而经济转型带来农业后，这种分工就被废除了。女性，本来是主要的生产者，却被男性取而代之，她们逐渐没有了经济收入，于是开始穷困潦倒、依靠男性……最终只有一种价值被保存下来了，那就是她们的性别。"

她们需要抵御外界的反对，同时还要与自己的内心抗衡作斗争。传统观念认为女性只具备性功能，因此加剧了理想化的女性需要面对的竞争。

如果我们告诉每一位理想化的女性，她们都面临着这场冲突，她们不愿意放弃自己的职业生涯，同时也不愿意放弃女性气质，她们勇于为此付出巨大的代价，那么就会显得不那么过分了。因此，有争议的冲突是由妇女地位的改变所决定的，仅限于那些出入职场或遵循职业操守，追求特殊利益或普遍渴望独立发展其人格的女性。

社会学的洞察力使人们充分认识到这种冲突的存在，认识到它们的必然性，以及它们所表现出的许多形式及其更为遥远的影响的概括。它使一个人只能给出一个实例，理解如何产生一种态度，从一方面完全否定女性气质的极端到另一方面完全拒绝智力或职业活动的相反极端。

这一领域的研究界限要求被以下问题所划定：在特定的案例中，为什么冲突会以它本身特殊的形式出现？或者，为什么它的解决结果是按照这种方式实现的？为什么有些妇女因这场冲突而生病，或者在发展潜力方面遭受巨大的损失？个体方面的哪些诱病因素对此类结果来说是有必要的？什么类型的结果可能会发生呢？在人们思考与个体命运有关的难题时，就进入了个体心理学领域，实际上也就是精神分析领域。

这里呈现的观察结果并非来自对社会学的兴趣，而是来源于对大量女性分析后遇到的无数的难题之中，这些难题促使我们去思考它们出现的具体原因。本篇文章基于我自己的七个案例分析，此外还建立于我在分析会议上得到的大量熟知的案例。这些患者当中的大部分人基本上没有什么明显的症状，其中两人有非典型性抑郁症和间歇性焦虑症，还有两人患有罕见的病症，经过诊断是癫痫。但是就目前所呈现出来的现象看来，在每一个案例中，这些症状都被某些特定的难题遮盖，其中每种困难都与病人与男性的关系以及病人的工作有关。由于这种情况发生的频率太高，病人或多或少会感知到，她们的症状是由她们自己的性格所造成的。

掌握所涉及的实际问题绝不是一件简单的事情。第一印象并没有产生太多的影响，因为对于这些女性来说，她们与男性的关系对她们来说非常重要，但她们从未建立起一段稳定持久且令她们满意的关系。她们可能会在试图形成一段关系的时候完全失败，或者就是有过一系列的短期关系，有的是因为男人的问题而分开，有的是因为患者自身的问题而分开，而且，这种关系往往还缺乏选择性。或者如果进入更长时间和更深层次意义的关系，它最终会由于女人的某些态度或行为基础而失败。

同时，在所有这些案例中，很多患者对工作环境、成就，以及兴趣的有效提升表现出压抑。在某种程度上，这些困难是有意识的，并且立即显而易见，但部分患者直到接受过精神分析之后，才意识到问题的存在。

只有经过长时间的精神分析工作，我才通过一些重要的案例意识到，主要问题不是对任何爱的压抑，而是由于女性完全过分专注于男性。这些女人仿佛被一个单一的想法所拥有，"我必须有一个男人"——这是一个被高估的想法，包含了其他所有的想法，所以相比之下，她们所有剩余的生活似乎陈旧、乏味、毫无意义。她们大多数人拥有的能力和兴趣对她们自身来说根本没有任何意义，或者已经失去了其曾经拥有的意义。换句话说，影响她们与男人关系的冲突已经很明显，并且可以在相当程度上得到缓解，但实际问题并不是她们过分强调爱情生活，因此让人难以接受。

在某些情况下，尊重工作的抑制首先出现在分析过程中并且持续增加，同时通过分析与性有关的焦虑来改善与男性的关系。患者及其同事对此变化进行了各种评估，一方面，它被视为是一种进步，就像父亲的情况一样，他的女儿因为精神分析而变得如此女性化，以至于她现在想要结婚，对学习完全不感兴趣。另一方面，在咨询过程中，我反复遇到一些抱怨，我的某一位病人通过精神分析与男性建立了更好的关系，但工作效率和工作能力却不及从前，人也变得没有之前那么快乐了。她们现在变得只关注与男性伴侣之间的关系。这种现象是值得深思的，显然，这种情况可能也代表了精神分析的人为现象，治疗因此而终止。尽管如此，这种结果只出现在部分女性的案例中，其他女性不会存在这样的问题。那么，确定一种结果或另一种结果的诱发因素是什么呢？这些女性的所有问题中，会不会还有其他问题被忽略？

最后，另一个特征是所有这些患者或多或少地表现出的一种共同特征——害怕自己不正常。这种焦虑出现在性领域，与工作有关，或者以更抽象且分散的形式出现，普遍表现为觉得自己与众不同，或者感到自卑，她们觉得这是一种内在的、不可改变的性格特征。

有两个原因使这个问题变得逐渐清晰。一方面，这种现象在很大程度上代表了传统观念上我们对真正女性意义的观点，她们除了在男人身上浪费时间，别无其他生活目标。第二个困难在于精神分析师本人，他们深信爱情生活的重要性，因此可以将消除这一领域的干扰视为他的首要任务。因此，当患者讲到自己生活环境的重要性时，他们非常愿意跟随着患者所展现的现象去帮助她们。如果一位病人告诉他，她生命中的最大的野心就是前往南海群岛，她希望精神分析能够解决阻碍实现这一愿望的心理冲突，精神分析师自然会提出这个问题："那你给我说一下，为什么这次旅行对你来说至关重要？"这种比较当然是不充分的，因为性行为确实比通往南海的旅程更重要；但是不难发现，我们的认识相当正确，本身也十分恰当，但对异性经历的重要性有时会蒙蔽我们的双眼，会使我们对这个领域做出近乎疯狂的评价和估计。

从这个角度来看，这些患者存在双重差异。实际上，她们对一个男人的感觉是非常复杂的，我想直接说一下，她们对异性太宽容了，认为异性关系是生活中唯一有价值的东西，这无疑是一种强迫性的高估。另一方面，她们的天赋、能力和兴趣，她们的抱负以及相应的成就和满足其抱负的可能性，远远超过她们所假设的。因此，我们正在处理从成就或争取成就到性的重点转移；事实上，只要人们可以谈论价值领域的客观事实，我们在这里就是对价值观的客观证伪。虽然在最后的精神分析中，性是一个非常重要的，也许是最重要的满足来源，但它肯定不是唯一的，也不是最值得信赖的。

与女性精神分析师相关的移情情况始终由两种态度主导：一种是竞争，一种是在与男性相关的活动中进行求援。[1]每一次改进，每一个进步，对她们来说都不是她们自己的进步，而是精神分析师的成功。教学分析的主题给了我这样一个想法——我并不是真的想要治愈她，或者我建议她在另一个城市定居，是因为我害怕与她之间的竞争。另一名患者通过指出她的工作能力没有得到改善，对每一个正确的解释做出回应。还有一位患者，她有评论的习惯，每次我觉得终于要有点进步了，她就会和我说她很抱歉占用我这么多时间。那些令人绝望的抱怨和泄气几乎不能掩盖她们想要让精神分析师受挫的执念。这些患者强

---

[1] 对男性精神分析师的态度也是一样的。还有一种情况就是，移情可能会出现，可能很长久，也可能很短暂，就像弗洛伊德所描述的"面条和汤的逻辑"一样。在第一种案例中，精神分析师主要代表的是妈妈或姐姐（但并不是在所有情况下都是如此，因此每种情况都应该按照其自身的情况来考虑）。在第二种案例中，这一组患者的典型特征就是，将对赢得男性的持续性渴望与分析师联系在一起。

调，明确无误的改善可归因于精神分析之外的因素，而她们变得越来越糟糕都是因为听信了精神分析师的话。她们经常在自由联想这一环节遇到问题，因为这一环节意味着在这一局患者已经投降，而精神分析者获胜，同时联想有助于精神分析师获胜。总之，她们想证明的就是精神分析师无能为力。一位病人在下面的幻想中开玩笑地表达了这一点：她会在我家对面的房子里安顿下来，在我的房子上放一张醒目的标语牌，按照她的标志我看到了奇迹，"那里住着世界上唯一优秀的女性精神分析师"。

和生活中一样，精神分析包含着另一种转移态度，与男性的关系被推到了前面，这种现象很明显且频繁地表现出来了。通常，一个又一个男人扮演着这种角色，从简单的接近到发生性关系；同时，患者会告诉精神分析师，他们做了什么、没做什么，他们爱不爱她，会不会让她失望，她们又是如何回应的，患者每次都要在这些小事上浪费将近一个小时，不厌其烦地说着那些微小的细节。事实上，这种行为也是一种发泄，这种发泄引起的反抗并不总会立即表现得很明显。有时真相会被掩盖，因为患者努力证明与男人的满意关系，这一点有至关重要的意义，证明她们和男人的关系可能正在向好的方向发展，精神分析师的愿望也正是将她们指引到相似的路上。然而，回想起来，我想说，通过更准确地了解这些患者的具体问题及其特定的转移反应，就可以看透这个游戏的规则，从而大大抑制她们的情绪发泄。

在这项活动中，有三种趋势脱颖而出。它们如下：

（1）"作为一个女性，一个母亲的形象，我害怕自己会依赖你。所以我必须躲着你，以免自己会喜欢你，因为爱本就是依赖。所以要逃离爱，我必须试着把对男人的爱转移到其他地方。"因此，在开始分析一个明显具有这种特征的女人前，精神分析师先分析了她的一个梦，在梦中这位患者想要去找精神分析师分析，但是到医院后她却与一个在候诊室等候的男人一起走了。患者对精神分析师持有保留态度，她们通常会这样为自己开脱，因为精神分析师不会爱上她们，所以她们自己单相思没有任何意义。

（2）"我宁愿让你依赖我（爱上我），因此，我向你求爱，并试图通过我对男人的关注来引起你的嫉妒。"在这里，人们表达了一种根深蒂固的，基本上是潜意识的信念，即嫉妒是一种唤起爱情的主权手段。

（3）"你嫉妒我与男人的关系，事实上，你试图阻止我以各种可能的方式拥有它们，甚至不希望我有吸引力。但是，尽管如此，我还是会告诉你，我可以做到。"精神分析师提供帮助的意愿最多只能在理智上给予，有时甚至不是那样；当冰终于被打破时，真正想要帮助一个人在这个领域获得快乐的人所表现出的坦率是惊人的。另一方面，即使存在智力上层结构的信心，当与精神分析师建立联系的尝试中止时，患者真正的不信任和真正的焦虑以及对精神分析师的愤怒也会暴露出来。这种愤怒有时几乎是偏执的，她们认为精神分析师应该对此负责，都怪他们的主动干预才导致如此结果。

根据以上的观察结果，我们不妨做出这样的假设，与男性相关的这种行为的关键在于强烈的，同时还特别恐惧同性恋行为的趋向，正是这种趋向导致了病理学上的逃离男人，实际上，同性恋从"真正的男性行为"上来讲，是为了让男女独立于一种有意识的表现行为，这也将使这些受试者与男性的关系中的特征松散和非选择性变得易于理解。对女性的矛盾总是以同性恋为特征，这可以解释从同性恋中逃脱的必要性，特别是对男性的逃避，以及对精神分析师表现出的不信任、焦虑和愤怒，因为后者扮演着母亲的角色，临床发现最初并不能对这种解释提出反驳意见。在梦中，我们可以无限表达我们想成为男性这一愿望，而在生活中，我们所展示出来的男性行为模式却经过各种掩盖才得以展现。具体情况表现为如下：在一些有代表性的案例中，这些意愿是完全被拒绝的，因为这些女性认为，想要变成男性就等同于同性恋。同性恋关系的雏形总是出现在生命的某个时期，这种关系不会在初级阶段之后发展，这也符合前面的解释，因为在大多数情况下，女性友谊起着非常小的作用，所有这些现象都可以根据对明显的同性恋的防御措施加以考虑。

然而，某一天人们会惊讶地发现，在所有这些案例中，基于无意识的同性恋倾向和从中逃离的解释在治疗上仍然是完全无效的，因此，必须有其他一些解释，其他更正确的解释。关于这一点，一个关于移情状态的案例提供了答案。[1]

一位患者在治疗开始时反复给我送鲜花，先是匿名，后来公开。我给的第一个解释是，她这种行为就像男人追求女性一样，虽然她笑着承认了，但她没有做出任何改变。我的第二个解释是，礼物旨在补偿她所暴露的完全性的侵略，但同样没有效果。另一方面，患者在联想的时候非常清晰地说，通过送礼物就可以让一个人依赖于另一个人的话，这种现象就会发生很大的变化，就像变魔术一样。随后的幻想揭示了这一愿望背后更深层次的破坏性内容，她说，她想成为我的女仆，并愿意为我付出一切，尽善尽美，这样的话，我就会依赖于她，完全信任她，直到有一天，她向我的咖啡里投毒。她用一句话来结束她的幻想，这句话绝对是这群人的典型代表："爱是一种谋杀手段。"这个例子特别清楚地揭示了整个群体的态度特征，只要有意识地感知到对女性的性冲动，实际上她们往往就已经体验过"第二性"的罪恶感了。在精神分析师代表母亲或姐妹形象的情况下，本次移情中的本能态度同样具有明确的破坏性，她们的目的是支配，然后摧毁；换句话说，后者是出于毁灭，而非性。因此，"同性恋"一词具有误导性，因为同性恋通常是指一种态度，即性行为虽

---

[1] 让我多次感到惊讶的是，不管什么时候，只要我向这些患者证明她们想成为男性这种愿望与任何对象没有关系，她们无一例外地表现得又单纯又无辜，就好像我是拿同性恋来"责备"她们一样。

然与破坏性因素混合在一起，但却是针对同性的伴侣。然而，在目前的情况下，破坏性冲动只是与力比多冲动松散地结合在一起。混合的性元素与青春期时的性元素有着相同的结局：由于女性的心理原因，她们无法与男性建立满意的性关系，而自由流动的性能量还大量存在，因此，性能量会直接指向女性。另外还有一些其他方面的原因，为什么通过其他方式，如工作或者是自我手淫无法获得性能量，这个我稍后会讲。此外，在对其他女性的冲动中还存在一种积极的因素，那就是她们自己的男性气质，而这种因素在所有案例中都没有实现，同样没有实现的是，通过性能量的纽带将这种毁灭性的冲动转换成无害冲动。这些因素的结合在一定程度上解释了对同性恋的焦虑，为什么在这些情况下，性或温柔甚至友好的感情在很大程度上都不会指向女性。

然而，只要看一眼那些在接受治疗中成长的女性，就会立即发现这种解释的不足之处。因为，虽然针对女性的敌对趋势明显地存在于这些群体中（如移情和在她们生活中所见到的），但同样的趋势也会在那些无意识的同级别的同性恋女性（根据刚刚给出的定义）中发现，因此，对这些趋势的焦虑不能成为决定性因素。相反，在我看来，对那些一直向着女同性恋方向发展的女性来说，其决定性因素可以追溯到很早期，她们对男性顺从的态度，不管出于什么情况，这种因素对她们影响深远；因此，与其他女性之间的性竞争已经相对落后，在这些人，也就是这些有问题的人中，得出这样的结果不仅因为她们会把性冲动和毁灭性冲动联系在一起，还有一个原因是她们想要用爱来弥补她们的毁灭性冲动趋势。

在我们所考虑的女性类型中，这种过度补偿要么不发生，要么不重要；我们发现，与此同时，不仅与女性的竞争仍然存在，而且这种竞争实际上是急剧恶化的，因为斗争的目的（后者带有强烈的憎恨色彩）是为了赢得一个男人，这种目的始终没有放弃。因此，对这种仇恨和对报复的恐惧存在焦虑，但没有动机迫使其停止；事实上，人们有兴趣保持这种状态。这种由于竞争而产生的对女性的巨大仇恨是在其他领域的移情状态中制定的，而不是情色，但在投射形式的色情领域中表达得非常清楚。因为如果基本的感觉是，精神分析师阻碍了患者与男性的关系，那么这里提到的绝不仅仅是令人生畏的母亲，而尤其需要提及的是有嫉妒心的母亲或者姐妹，她们很难容忍女性类型的发展或者女性领域中的成功。

只有建立在此基础上，人们才能完全理解患者在对抗中挑拨男性与女性精神分析师的意义。患者的目的是向嫉妒自己的母亲或姐妹表明患者可以拥有或占据一个男人。但是，实现这种可能性的代价其实是以违背良心或者产生焦虑为代价的。从这一实际出发，也会产生很多或公开或隐蔽的对挫折的不满反应。医患之间暗中进行着一场没有硝烟的战争，如下：当精神分析师坚持认为患者应该接受精神分析，并且不允许她们发泄她们与男性的关系，那其实就是有意识地阻碍患者发言，从精神分析师角度出发，这是一种反对。假如有分析学家指出，没有精神分析，这些女性在与男性构建关系时还会重蹈覆辙，她们还会继续将母亲或姐妹的那种刻意压迫女性自尊的错误延续下去，就像分析学家所说的：你太渺小了，太卑微，或者说，你毫无魅力，根本无法吸引男性，更不能掌控他们。而且可以理解的是，她的反应是证明她可以做到的。在那些年轻一点的患者身上，患者将这种嫉妒直接表现出来，她们会强调自己的年龄，强调自己比精神分析师年纪小很多，在这种情况下，精神分析师由于年龄有点大，所以不能明白，为什么对于女孩子来说，放弃一切只为得到一个男人是那么正常，在女孩子看来，占据一个男人甚至比精神分析更加重要。从俄狄浦斯情结的意义上来讲，家庭层面的事情几乎在不断地重演，这绝非巧合，例如，患者如果爱上一位男性，那么这就是对精神分析师的不忠。

　　一如既往，移情中发生的事情都是特别清晰且未经审查的版本，其中描述了患者生活中的其他部分。患者几乎总是试图赢得一个被其他女性所希望或以某种方式与其他女性联系在一起的男性，通常这与男性的其他品质无关。或者在那些有严重焦虑患者的案例中，提到以上所描述的具体的男性时，患者会对他们产生一种绝对禁忌的感情。这就像在一个案例中提到的，患者对某个男人陷入过深，以至于她对其他男人也产生了禁忌，从最终的精神分析结果可以看出，她们认为每个男人都会被某些可能的女人夺走。在另一位患者身上，竞争的存在形式主要是争吵，在她第一次发生性关系之后，她连做梦都处于焦虑之中，她梦到姐姐满屋子追着她威胁她。在病态上增加竞争的形式可能是众所周知的，我不需要在这里进一步详述。性欲的抑制和挫折很大一部分原因是由焦虑引起的，而焦虑与破坏性的竞争相关，这也是不争的事实。

但主要问题是：究竟是什么原因导致这种竞争的态度大大加强，又是什么赋予了它如此大的毁灭性？

回顾一下这些女性的过去，这个问题便迎刃而解了，在这些女性的成长中，有一个因素在事情的起因和发展中是非常显著的：童年时期，这些女性争夺男人（父亲或者哥哥）的竞争力可以排到第二名。具体来说，在所有十三个案例中，有七个都是这样的，最重要的是，一位"姐姐"可以通过各种手段来光明正大地争夺到父亲的爱，得到父亲的支持，或者说，在一个案例中可以获得哥哥的爱，而在另一个案例中又可以得到弟弟的爱。其中一个案例除外，在那个案例中，父亲很明显地偏爱那个年长的姐姐，她不需要去使任何手段就能让父亲忽略家里的其他小孩，患者会对这类姐姐产生强烈的憎恨。她们的怒点主要集中于两点：一方面，它可能会指向女性的矫揉造作，姐姐通过搔首弄姿成功地得到了父亲的爱，得到了哥哥的爱，以后，她还会得到其他男人的爱。在这些案例中，这种憎恨非常强烈，因为长期以来，患者采取自我抵制的形式，她们认为女性的巧言令色不过是一种欺骗性的手段，所以她们不会向那个方向发展；因此，她们会拒绝穿一些引人注目的衣服，不跳舞，不参加任何涉及性方面的活动。还有一方面，主要是出于患者姐姐对患者的敌对行为，其全部行为只能逐步加以确定。最后可以用一个普遍的公理来概括，如下：年长的姐姐会对年幼的妹妹进行恐吓，一种是直接恐吓，她们在身体方面和精神层面都比妹妹们发展得更成熟，这就使她们可以直接产生影响；还有一种是，在妹妹们努力变得性感成熟的时候，她们会毫不留情地耻笑她们；还有时候，正如第三个还是第四个案例中的情况，她们会通过性游戏的手段来使妹妹依赖她们。很明显，最后一种方法最容易让妹妹们感到深恶痛绝，因为这使年幼的妹妹失去防御机制，一部分是由于涉及性行为上的依靠，一部分是由于愧疚感。在这些情况中，我们可以找到表现得很明显的同性恋倾向。在另外一个案例中，患者的母亲非常有魅力，她被一群熟悉的男人所包围，包括她的父亲也对母亲产生了绝对性的依赖。还有一个案例，父亲不仅偏爱姐姐，他还与住在一起的亲戚也有着暧昧关系，甚至还与其他所有有可能的女人都暧昧不清。在另一个案例中，患者的母亲还很年轻，风韵犹存，她对父亲、儿子以及经常出入这栋房子的所有男人来说都是一个绝对的焦点。这最后这个案例中，在里面有一个很复杂的因素，患者在自己5岁到9岁期间，都和自己的哥哥保持着性关系，尽管她母亲最喜欢的就是她哥哥，哥哥对她要比对其他妹妹要更亲密一点。此外，由于母亲的存在，哥哥在青春期的时候突然断绝了与妹妹之间的关系，至少在性方面是这样的。在另一个案例中，患者才四岁的时候父亲就对她进行了性方面的亲热，在她接近青春期的时候，她和父亲之间的关系变得更加公开。与此同时，父亲对母亲持续性的极度依赖也没有减少，母亲也接受着父亲各方面的殷勤，然而，父亲对其他女人的魅力也无法抗拒，因此在患者的印象中，她不过就是父亲的一个发泄工具而已，在他忙的时候，或者有其他女人出现在身边的时候，患者就被搁置一边，完全被冷落。

因此，这些患者为了夺得男人的注意，她们从小就经历了激烈的竞争，而这种竞争从一开始就没有获胜的希望，或者说最终还是会以失败告终。当然，这种和父亲有关的失败，是小女孩在这种家庭环境下典型的命运归宿。这些案例之所以会出现具体典型的结果，是因为在激烈的性竞争当中，母亲和姐姐占据了绝对的主导地位，也可能是因为父亲或者哥哥的特殊幻想得以唤醒。还有一个关键的附加因素，我会在涉及其他联系的时候阐述它的存在意义。对这些案例中的大多数患者来说，她们的性发展会比平均的患者更快更强烈，主要是由于她们受到过早期由人或事物引起的性兴奋所导致的。这种生殖器兴奋的早熟经历会比从其他方面（口腔、肛门、肌肉性欲）体验到的肉体的快乐更为强烈，更为刺激，这种性经验一方面会使生殖器区域变得更加重要，另一方面，也为这些女性们本能地想要较早完全地争夺男人做了重要的铺垫。

实际上，这样的斗争会在与其他女性竞争中带来永久性且摧毁性的态度，同样的态度还会表现在每一个竞争情境中，被征服者会对胜利者产生持久的怨恨，她们的自尊心遭到了伤害，所以在接下来的竞争中，她们还是会处于不利地位，最终，她们会有意识或无意识地认为，她们要获胜只有一种办法，那就是让竞争对手消失。我们可以在所讨论的案例中可以追溯到完全相同的后果：被压迫的感觉，对女性自尊的永久性不安全感，以及对更幸运的竞争对手的深刻愤怒。在所有案例中，由于这些因素导致的结果，在与女性的竞争中部分可以避免或受到压抑，也可能会完全避免。还有一种情况，就是夸大比例的强制性竞争，也就是说失败被明显放大，那么受害者就更希望竞争对手能够消失，就仿佛只有你从这个世界上消失，我才能真正获得自由。

患者会非常憎恨获胜的竞争者，这种憎恨或使人产生以下两种情况中的其中一种。如果这种憎恨主要出于前意识阶段，那么患者就会将情欲失败的责任转移到其他女人身上。如果这种憎恨被深深地压抑，那么就可以从患者自身的性格上来找寻失败的因素。而自我毁灭式的抱怨会与愧疚一并表现出来，这种愧疚感源于被压抑的憎恨。在移情中，人们通常不仅可以清楚地观察到一种态度如何与另一种态度交替，而且还有一种态度的抑制如何自动强化另一种态度。如果患者对妈妈或姐姐的愤怒受到抑制，那么患者的愧疚感就会增加；如果患者的自责感渐渐降低，那么对别人的愤怒感就会增加。患者认为必须要有人为我的不幸负责：如果不是我，那一定是其他人；如果不是其他人，那么就是我。在这种非此即彼的状态中，患者认为是自己的错，这种愧疚感会受到更强烈的克制。

患者是否应该为没有能力与男人建立并维持一段满意的关系而感到自责，这个让人痛苦的怀疑在精神分析中最开始不是以这种形式出现的，它们通常是以一种更普遍的观点表达出来，其实事情本不应该是那样子的；患者总是感到焦虑，她们为自己是否是一个正常人而感到焦虑。这种焦虑有时也会变成一种恐惧，患者会担心自己是不是先天器官不够健全。偶尔患者会过度强调自己很正常，这其实是对这种怀疑的一种明显的抵制机制。如果强调防御方面，那么患者一般会认为精神分析是一件令人感到羞耻的事情，因为这证明所有的事情都和原本不一样；同时，她们会把精神分析当成是一件非常秘密的事情。即便是在同一个患者身上，精神状态也会由一种极端转移到另一种极端。她们开始认为，就连精神分析都不会改变基本的问题，她们因此感到绝望，然而，随后又会转向对立的极端，她们会认为一切都是正常的，因此她们不需要任何精神分析。

这些怀疑在意识中最常见的形式是，患者坚信有心理疾病是丑陋的，因此，她们根本不可能会吸引到男性。不论实际情况如何，这种想法都是完全孤立的；例如，我们会发现很多长相漂亮的女生甚至也会有这样的想法。这种缺陷可能是真实存在的，也可能是患者想象出来的，包括直头发、手或脚太大、身材太高或太矮、年龄，或者是肤色，这些自我批评总是伴随着深深的羞耻感。例如，一位患者曾经一段时间一直觉得自己的脚有问题，她因此深受困扰，为了把她的脚和其他雕像的脚进行比较，她刻意跑去博物馆，一旦她发现自己的脚很难看，她就难过到想自杀。另一位患者根据自己的感觉，她非常不能理解为什么自己的丈夫不会因为他那歪曲的脚指头感到羞愧。还有一位患者绝食了好几周，只是因为她哥哥说她太胖了。在某些情况下，这种感觉和衣着相关，患者可能会认为自己之所以没有魅力，是因为自己没有好看的衣服。

在这么多折磨人的想法当中，服装占着很重要的作用，但是没有什么一劳永逸的解决办法，因为"怀疑"也是众多想法中的其中之一，并且还会带来持久性的痛苦。如果衣服搭配不完美，也让人无法忍受，同样，如果一个人穿上一套显胖的衣服，也不能忍。此外，还有些衣服看上去可能太长或者太短，太普通又或者太优雅，太招摇、太年轻，或者已经过时，这些都是问题。假如承认了服装对女性的重要意义，那么毫无疑问，很多不合适的影响就会开始起作用，女性会因此感到羞愧、不安全，甚至会恼羞成怒。例如，有一位患者，她要是有那种穿上显胖的衣服，就会习惯性地撕掉扔了它，还有些患者会怪罪于那些做衣服的人。

还有一种防御机制，其目的表现为女性渴望成为男性。

其中一位患者说："作为一个女人，我什么都不是。"
"如果我是一个男人，我应该会好很多。"她说这句话其
实带有非常明显的男性特征。第三种防御手段，其实也是
最重要的一种防御手段，这个就在于患者想要不断地证明
她能吸引男人。在这里，我们再次遇到相同的七情六欲。
作为一个女人，没有男人、从来不和男人有任何接触、
到目前为止还是处女、未婚，所有这些事情都会遭到鄙
视的，因为人们向来都看不起这种女人。相反，如果她
有男人，不管这个男人和她是什么关系，崇拜者、朋友、
情人，还是丈夫，这都会证明她至少是一个"正常的女
人"。正因为如此，她们才会疯狂地去追男人。而这些男
人只需要满足一个条件——是个男人就行。当然，如果他
还有其他优秀的品质，那么自恋与自满会得以满足，这就
更好了。否则的话，她的这种不加以选择就会达到很夸张
的程度，与她在其他方面的表现明显不同。

这种情况和患者对待衣服的情况相似，这种尝试无疑是
失败的，到目前为止，不论如何证明，这些都是失败的。
因为即便这些女人成功地让一个接一个的男人爱上她们，
她们也要编造出一些理由来反驳自己的成功，具体有以下
原因：这个男人身边没有什么合适的恋爱对象，他根本算
不上什么，"是我硬逼着他变成现在这样的"，"他喜欢
我不过是因为我聪明罢了，也可能是因为我在某些方面对
他有利用价值"。

首先，精神分析揭示了人们对性器官持有的焦虑症，这

种焦虑主要表现为当事人通过手淫伤害了自己，其实这种焦虑就已经在某种程度上对她造成了伤害。这些恐惧会以特定的观念表现出来，她们会认为处女膜受损或者手淫会导致她们无法生育。[1]在这种焦虑的压制之下，手淫通常完全会被克制，所有想要手淫的欲望都会被压下去；无论在何种情况下，从没有经历过手淫的解释都是很典型的。而在另一些相对罕见的案例中，有些人会在生命的晚期过度手淫，随之而来的是强烈的愧疚感。

这种极端防御手淫的基本依据可以在非同寻常的虐待狂幻想症中找到，这种虐待狂幻想症时时刻刻伴随着患者，让她们觉得各种形式的伤害都会施加在女性身上，由此导致女性不断受到监禁、羞辱、轻视，折磨，最重要的是，这样还会导致她们的生殖器官受损。最后提到的生殖器受损是最为强烈的压抑，但它似乎是动力心理学最关键的因素。根据我的经验来看，这种幻想从来不会直接被压抑，即使当手淫的幻想和其他残忍的策略混合在一起时，也同样如此。但是，它可以通过以下数据资料得以重建：在以上提到的案例中，患者自认为衣服显胖而撕掉衣服，很显然，在这个案例中撕衣服的行为一方面就等同于手淫，其次，她撕完衣服后觉得自己好像主导了一桩谋杀案，于是

---

[1] 人们会形成这样的印象，后者的焦虑是与手淫有关的"最深度的"焦虑，但是人们现在还没有精确的数据来支持对这种焦虑进行量化判断。不管在什么事情中，对孩子的渴望是所有女性最强烈且有力的愿望，在大多数案例中，这种愿望从一开始就受到了强烈的压制。

她急着要"毁尸灭迹"，消除与谋杀有关的所有线索。更进一步讲，她觉得肥胖意味着怀孕，她想起了妈妈怀孕的时候，那时候她才5岁，接着她又想到精神分析师的怀疑也会导致内部冲突，最后，她同时会觉得她撕坏裙子的时候就像是在撕坏母亲的性器官一样。

还有一位已经完全克服了手淫习惯的病人，但是她每次痛经的时候，她就会觉得自己身体内部好像快要撕裂了，这种撕裂感与手淫有关。听到堕胎时，她会产生前所未有的性兴奋。她回忆起自己小时候曾有过的一个想法，她认为丈夫会用绣花针从妻子身上取下一些东西。关于强奸和谋杀的报道都会让她觉得特别兴奋，她会做各种各样的梦，但是它们都有一个共同点，梦里女孩的性器官被其他女性伤害，或者被她们施以手术，因此会有流血现象产生。有一次，这种情况发生在一个女孩身上，这个女孩受到过老师的教育，这种情况与患者本应该对精神分析师或者对母亲产生的憎恶恰恰相反。

在其他患者中，人们可以从一种类似担心报复的表达中推断出破坏性冲动的相关表现，也就是那种被夸大的焦虑，这种焦虑表现为担心女性的性功能会伴随疼痛和流血，尤其是在首次性行为和生育时。

简单来说，我们会发现，童年时期对母亲或姐姐产生的摧毁性的冲动，这种冲动的表现形式从未改变，力度从未减弱，一直无意识地持续到现在。梅兰妮·克莱因多次强调，这些冲动现象的意义。通过对这些因素的解释，人们会相信这是一种极具争议和愤恨的竞争，这让她们无法冷静。针对母亲的原始冲动具有以下含义：你不能与我父亲发生性关系，你不能和他生孩子；如果你这样做了，那么就会导致你受到严重伤害，以后再也不能这么做，这种伤害将会永远伴随着你；或者说，从长远的角度来看，你会变得让所有男人都感到可恶又可怕。但是，由于无意识中普遍存在的以牙还牙的报复性铁律，最后会带来差不多相同类型的恐惧。因此，如果我在手淫幻想的时候希望你受到伤害，那么我还要担心这种伤害同样会降临到我头上；不仅如此，当我希望痛苦和伤害落在我母亲身上的时候，我同时也会担心自己也要面临同样的痛苦和伤害。实际上，在很多此类案例中，在她们开始玩味性关系的时候，痛经也会随之发生。更进一步讲，痛经在这时候被认为是对性渴望的一种明确又有意识的惩罚。在其他案例中，患者的恐惧都不太具体，主要表现在恐惧的影响力上，也就是阻止个体去发生性关系。

如上所述，这些报应性焦虑部分是针对未来而言的，但还有一部分是针对过去的，如以下情况：因为我在手淫中经历了这些破坏性的冲动，我身上也发生了同样的事情，我和她一样受到了损害，或者，如进一步阐述的那样，我会变得和她一样可怕。这种联系在一位患者身上完全清晰且有意识地暴露出来了，父亲实际的性亲近导致了非同寻常的激烈竞争，在接受精神分析之前，她根本不敢站在镜子前面直视自己，因为她觉得自己太丑了，但实际上她很明艳动人。当精神分析进行到解决她与母亲的冲突时，在一开始的放松影响下，她在镜子里看到了自己与母亲十分相似的外形特点。

每种情况下都存在对男性的破坏性冲动。在梦中，这些冲动表现为阉割冲动，在生活中，她们则会有想要伤害他们的表现，或者对这些冲动进行防御。然而，针对男性的这些冲动显然只是与不正常的想法有轻微关联，她们在精神分析中的揭示通常几乎没有阻力，并且只改变了现象，而没有改变本质。另一方面，随着对女性（母亲、姐妹、精神分析师）的破坏性驱动的揭露和消除，焦虑消失，并且，反之，只要有过分的焦虑阻碍以及和驱动力相关的罪恶感的话，那么焦虑也会保持不变。我在这里建立的这种抵御机制是为了阻碍精神分析的，此外，它还包含了以下含义：我没有以任何方式伤害自己，我向来都是这样的。同时，一个人如果选择这样做的话，还有一种对抗命运的意思，命中注定这个人是这样子的，并且永远是这样，所以她想要对此进行反抗。或者说在以上两种情况中，都是对姐姐的一种反对，她到底对患者的生殖器做了什么，或者是将矛头指向童年时期受到的压抑，以后也未曾发生过改变。在这里，很明显，这些投诉所起的作用以及保留这些投诉的原因在于防范个人的内疚感。

最初我认为患者坚持不正常的想法是由男性气质的幻觉决定的，伴随着放弃阴茎的想法，或通过手淫这种方式希望自己长出阴茎，这个过程中伴随着羞耻感；我认为对男人的追求部分是由于过分强调女性气质的次级地位，还有一方面是由于她自己不能成为一个男人，所以希望有一个男人可以弥补自己。但从整件事情的心理动力机制来看，正如我在上面所说的，我认为对男性气质的幻想不代表就会在心理机制上产生效果，它只是对次级趋势的一种表达，这种趋势根源于以上说到的女性之间的竞争，同时，对男性气质的幻想也意味着对自己命运不公以及对母亲的指责，它们都以各种方式合理化了，同时它们都是在梦中或者幻想中营造出来的，是女性逃离冲突折磨的一种体现。

当然，有些情况下，女性坚持成为一个男人的幻想确实发挥了积极的作用，但这些情况的结构似乎全然不同，因为她们与某些特定的男性具有十分明显的一致性，比如说她们的父亲或者兄弟，在此基础上，就会向同性恋或者自恋的方向发展。

女性之所以如此重视与男性之间的关系是有其本质原因的，就我们目前所讨论的话题来讲，这种原因不是由于不寻常的性冲动造成的，而是由于男女关系之外的一些关系所造成的，也就是自尊受到伤害以后的自我修复和对成功女性竞争的抵御。所以，我们需要考虑下面这问题，对性满足的渴望在向往男性中是否占据核心地位？如果是的话，它将发挥多大作用？从意识形态角度看来，我们肯定要对此进行思量，但事实上，从本能的角度去看，我们这么做是否是正确的？

在这种关联中，我们必须牢记这一重要因素，事实是这种满足感不是虚拟和想象出来的，而是真实且能觉察得到的。这种态度在有意识的层面上也非常突出，但起初我倾向于低估它，因为一方面是性压抑的力量，另一方面是其他来源的男性冲动的力量；因此，我认为这种态度在很大程度上是一种合理化，并且有助隐瞒无意识的动机，并将对男性的渴望表现为"非常正常且自然的"。事实上，这种强调无疑也有助于实现这些目的，但是我们在这里也让原来的观点得以证实，即患者在某种意义上总是正确的。鉴于对性满足的自然渴望以及适当考虑所有非性欲因素，仍然存在性欲过剩，特别是对于异性性交。这种印象是基于这样一种考虑，即如果这些女性在实质上将它作为一种超越其他女性的方法，而另一方面又把它作为"自恋补偿"的话，那么要解释这个问题就很困难了。假设没有注意到这一点，她们在潜意识里的态度与这个刚好相矛盾，那么她们会很积极地去寻找自己的性伴侣。我们常会发现，这些人一旦缺少性需求，就会开始出现问题，工作效率也会大幅下降。从让人模棱两可的分析角度来看，或者是从荷尔蒙理论的角度来看，又或者单从男性的意识形态来看禁欲的危害性，这种现象却是合情合理的。性交对她们的重要程度，尽管在不同的方面都有影响，但是这些影响有一个共同点，那就是她们不会突然中止性交的可能情况。这些努力寻求以三种方式实现，本质上尽可能不同，但由于其共同的潜在动机，彼此可以互换：卖淫幻想、结婚的愿望，以及成为男人的愿望。卖淫幻想和婚姻在此基础上表明她们想要永远有一个男性可用。成为一个男人的愿望，或对男性的怨恨，源于这样一种观念，即男人在她想要的时候总能进行性交。

我认为以下三个因素导致了对性的高估：

（1）从经济角度来看，这些女性的典型心理结构中有许多强迫她们进入性行为领域，因为通往其他种类的满足可能性的途径极为困难。同性恋冲动被拒绝，因为她们带有摧毁性的冲动，并且她们还对其他女性持有竞争态度。手淫是无法满足她们的，如果可以满足，就像在大多数案例中一样，手淫会被抑制。但在很大程度上，广义上的所有其他形式的自恋满足，包括以直接方式和升华的方式受到压抑，一个人就会只做"或只享受自己"所享有的一切，如享受饮食、赚钱、艺术或自然等等。为什么会出现这种情况呢？这主要是因为这些女性，就像所有感觉自己在生活中处于劣势的人一样，怀有极强的愿望，只为自己拥有一切，同时不让任何人享有任何一点东西。把一切都从别人身上夺走是一种被压抑的愿望，这是由于她与其他人在行为标准方面不相容，这种不相容同时也使她产生焦虑。除此之外，所有活动领域都存在压抑感，当压抑感遇到个人野心时，个体会产生很大的内心不满。

（2）第一个因素可能解释了性需求的实际加剧，但还有另一个更为深刻的因素，它建立在女性竞争环境下女性被击败的原始基础上，并引起更深层次的恐惧，她们害怕其他女性会逐渐成为她们异性活动中的干扰因素，实际上，研究者已经在移情状态中充分证明了这一点。事实上，这就像欧内斯特·琼斯所描述的"性欲的消失"，不过，这里它指的不是某人因为害怕没有性经验而感到焦虑，她们是害怕因为外界环境的作用而使其性能力永久受挫罢了。这种焦虑可以被上面说过的获得性安全感所抵消，并且在任何成为争议对象的目的总是被高估的情况下，这种情况会放大对性欲的重视这种现象。

（3）第三个来源在我看来是最不完善的，因为我无法在所有情况下检测到它的存在，因此无法保证在任何情况下与它的相关性。正如前面提到的那样，这些女性中的一些人回想起在早期儿童性激发中经历类似于性高潮的经历。在另一些人中，人们可能会以某种理由推断出这种经历的发生，这是基于后来的现象，例如对性高潮的恐惧，尽管人们对此已有一定的认识，但在梦中还是会适得其反。早期生活中经历的性兴奋是让人感到很可怕的，因为它经历了特定的条件，或者仅仅因为它相对于受试者的不成熟而具有压倒性的力量，因此它受到压抑。然而，这种经历会留下一定的痕迹，这种痕迹带来的快乐远超其他来源的乐趣，并且还会给整个机体带来很奇怪的活力。我更倾向于认为，这些痕迹会让这些特定的女性（多于正常女性）认为，性满足是一种仙丹，这种仙丹妙药只有男性才可以提供，如果女性一旦失去这种供应，女性很快就会衰老，会被抛弃，在其他方向上的成就也很难被认可。但是，这一点还需要进一步证实。

尽管她们对男性的强烈追求有多重决定，尽管她们为实现这一目标而付出了艰苦的努力，但所有这些尝试都注定要以失败而告终，这种失败的原因我们在前面已经提到过了。还有一种原因与为了男人而竞争，并由此导致的失败有关，同时这种竞争也致使她们为了追求男人而付出很大努力。

当然，与女性竞争的愤怒态度迫使她们不断地重新展示自己的性优势，但与此同时，她们对女性的破坏性冲动导致对男人的任何竞争都不可避免地与深度焦虑联系在一起。与这种焦虑的力量相一致的是，或许甚至是与主观对失败的敏感性和对降低自尊造成的结果相一致的是，与日俱增的与女性之间竞争的渴望和由此增长的焦虑产生了矛盾，最终将导致两种情况，一种是会避免女性之间的这种竞争，一种是女性会更努力地向那个方向发展。因此，这种现象可以充分地反映出女性的所有情感，这些女性在与男性建立关系上所取得的进步都会得到抑制，尽管她们不顾一切地去追求男性，最终还是会沦为唐璜（西班牙家喻户晓的传说人物，一生周旋在贵族妇女之间的"情圣"）容易征服的那类女性。我们可以将这些女性进行一个总结概括，可以先不管她们外在的非相似性，我们会发现她们的基本矛盾都相似，同时，她们的感情取向也很相似，尽管从外在看来，她们的事业迥然不同，更准确地说，这里特指的是她们在性领域的态度截然不同。已经提到的因素，即男性的"成功"在情感上并不受到尊重，这在很大程度上有助于这种相似性。此外，在所有案例中，我还没有发现一个认为自己与男性在精神上或者身体上获得满足感的。

这些女性的女性气质受到直接或间接的侮辱，这导致她们努力去克服自己"不正常"的恐惧，证明她们其实是具备女性气质的，但是由于不断的自我贬低，这一目标从未实现，这种失败感会导致她们很快从一种关系转移到另一种关系。她们对男性的兴趣，比如说幻想自己已经爱上他了，但一旦他被"征服"，她们的这种感觉就会消失，也就是说，只要男性对她们产生依赖，她们的这种感情就不复存在。

正如我前面所讲到的，经历过爱情会使一个人变得具有依赖性，这种情况称之为"移情"。它还有另一个决定性因素，它是由一种焦虑所决定的，这种焦虑表明，依赖是很危险的，所以我们需要不惜一切代价去克服。其实，爱情或其他任何感情纽带都会使人产生最大程度的依赖，感情纽带会造成很邪恶的后果，所以我们要努力去克服依赖。换句话说，对依赖的恐惧其实是对失望和羞辱的恐惧，而她们认为这种恐惧是由恋爱带来的，这种羞辱是她们童年时期感受过的羞辱，并且她们想要将这种羞辱感转移到其他人身上去。这种早期经历的背后是强烈的脆弱感，这种感觉可能是由男性遗留下来的，但是最终产生的结果行为对女性和男性是一样的。例如，有一个患者，她想让我依赖她，于是就向我表达她的遗憾情绪，她说很后悔没有去找一位男性精神分析师，因为对她来说，她很容易让男性爱上她，这样她的目的也就达到了。

因此，保护自己免受情感依赖所带来的痛苦与希望自己变得坚强是一样的，就像德国传奇故事中的齐格弗里德为实现此目的而沐浴在龙血中一样。

在另一些情况下，防御机制表现为专制和警惕的趋势，以确保伴侣将更依赖于她，当然，如果伴侣没有表现出任何依赖的迹象，那么与之俱来的是她们暴露出的明显的暴力和压抑反应。

这种对男性的反复无常的双重决定会导致她们对男性产生根深蒂固的怨恨，所以想去报复，这种欲望同样是在她最初失败的基础上发展起来的；她想让一个男人变得更好，所以把他抛到一边，拒绝他，就像她自己曾经感到被抛弃、被拒绝一样。就我所提到的，很明显，选择合适的对象可能性非常小，实际上是不存在的；部分原因是她们与其他女性之间的关系，部分与自己的自尊有关，这些女性盲目地想要抓住一个男人。此外，在我所处理过的三分之二的案例中，这些机会仍然通过对父亲的固恋而进一步减少，父亲是她们在童年时期思想斗争的主要角色。这些案例起初给人的印象是，她们实际上是在寻找自己的父亲或者是一个父亲的形象，但是很快她们就开始一个接一个地抛弃男人，因为她们发现"父亲形象"并不符合她们的标准，或者说她们发现"父亲形象"不过是她们反复报复的接受者，而这些报复本来是指向父亲的；换句话说，对父亲的固恋是这些女性产生神经症困难的核心所在。虽然事实上这种固恋加剧了许多这些女性的困难，但可以肯定的是，它不是这种类型的起因中的特定因素。无论如何，它都构不成我们所关注的具体问题的动态核心，因为在这些案例中，大约三分之一没有发现在强度或任何特定特征上超越普通层面的事物。我这里只是出于技术原因提到这个问题，对于一个没有经验的人来说，当一个人通过这些早期的固恋而没有首先解决所涉及的整个问题时，人们很容易陷入僵局。

对于患者而言，逃离这种困境的方法只有一种，那就是达成目标、满足自尊和实现野心。这些女性无一例外地寻求出路，因为她们都发展出了巨大的抱负。她们受到一种强大力量的刺激，这种刺激来源于女性自尊受到伤害，以及在夸张的竞争中产生的张力。一个人可以通过成就和成功来树立自己的自尊，除了在性领域之外，在任何其他领域的努力，其选择取决于个人的特定能力，人们可以通过努力从而战胜所有竞争对手。

然而，她们在这条道路上以及在性领域都是失败的，我们现在必须考虑这种失败不可避免的原因。我们可以简单地这样做，因为成就领域的困难基本上与我们在性领域看到的相同，所有需要在这里考虑的是这些表现出来的形式。当然，在竞争的问题上，这些个体在性领域和成就领域的行为之间的平行关系最清晰可辨。那些几乎在病态地想要驱逐其他女性的人，在各种竞争活动中都存在着有意识的野心和渴望，但当然，潜在的不安全感是显而易见的。这三个案例都体现出了这种特定的模式，她们不懈地追求自己的既定目标，尽管她们很有野心，但最后都以失败告终。这时候，即使是善意的批评也会使她们气馁，赞美也是如此。批评会激起她们对竞争失败的潜在恐惧，赞扬则会使她们对各种竞争都感到恐惧，尤其是会对成功方产生恐惧。在这些案件中以单调规律再现的第二个因素是她们的唐璜主义，就像她们不断需要新男性一样，她们也无法将自己束缚于任何特定的工作。她们很喜欢这样说，她们束缚于某种特定类型的工作，这剥夺了她们追求其他利益的可能性。这种恐惧之所以合理化，是因为她们实际上并没有追求任何真正的能量利益。

在那些不参与任何性领域竞争的人当中，她们觉得自己很难取悦别人，她们的野心也总受到压抑。在那些仅仅表现出能够做事情做得比她们更好的人面前，她们感到自己完全被降级，自己的存在就像是为了去衬托她们，她们感到自己不受欢迎，所以会产生一种强烈的暴怒心理回应这种情景，就像在移情状态中一样，她们乐于压抑自己去回应。

在谈到婚姻时，她们自己压抑的野心往往转移到自己先生身上，因此她们要求自己的先生成功，以实现她们自己的雄心壮志。但这种野心的转移只取得了部分成功，因为由于对竞争的不懈态度，她们同时无意识地等待着他的失败。她们对先生的性态度，主要是由她们自己的性需求来主导的，因此，从婚姻一开始他就被视为是一个竞争对手，她们与自己先生的关系会使自己陷入无能感的深渊，伴随着对他最深切的怨恨感，就像她们避免性竞争一样。

在所有这些案例中都出现了另一个最重要的困难，这种困难源于她们增加的野心与她们削弱的自信之间的惊人差异。所有这些女性都有能力按照自己的个人禀赋，如作家、科学家、画家、医生和组织者的方式进行富有成效的工作。不言自明的是，在每一次生产活动中，一定程度的自信是先决条件，而明显缺乏自信会产生瘫痪效应，当然，这同样适用于此。与她们过度的野心携手并进的是，从一开始，她们就因自己士气低落而缺乏勇气。与此同时，由于她们的雄心壮志，大多数这些患者都没有意识到她们的神经紧张和焦虑。

这种差异具有更深的意义。因为对她们来说，她们根本意识不到这种差异，却在一开始就期望自己与众不同。比如说，不去练钢琴就可以把琴弹得很好，或者没有一点技术就会画出很杰出的作品，不费任何辛苦就可以在科学领域取得成功，或者是不经过训练就可以精确地诊断出心脏杂音和呼吸杂音。后来她们不可避免地失败了，失败之后她们不觉得是因为自己的不切实际的幻想导致的，而是因为她们缺乏能力。然后她们会想要放弃她们当时正在做的任何工作，因此，她们无法通过耐心的劳动获得知识和技能，而这些技能正是成功不可或缺的因素；因此，会导致与日俱增的野心和日渐衰退的自信之间的差距。

这种对实现任何事情无能为力的感觉，起源于性领域，这两种情况对她们来说都是一种折磨，这种折磨持续且有力量。患者决心向自己和他人证明，最重要的是向精神分析师证明她无能为力，她不仅窘迫，还很愚蠢。她丢弃任何相反的证据，并将所有的赞美作为欺骗性的奉承。

那么，维持这些趋势的到底是什么？一方面，是觉得自己无能为力，所以需要一种信仰来保护自己，因此也可以保护她们，避免受到失败的伤害。坚持自己做任何事都无能为力，这种防御远远不如支配整个现象的积极努力产生的影响大，换句话说，得到一个男人，或者更确切地说，尽管阻碍重重，但应该不顾一切地去追求男人。通过证明自己的弱点、依赖和无助来证明这一点，这个"策略"总是完全无意识的，但是因为这个原因而更加坚定地去追求；从这种无意识的期望的角度来看，那种看似毫无意义的东西会背叛自己，如果从这种无意识期望的角度来思考问题，那么它就会成为一种有计划的、有目的的行为习惯。

这在表面上以各种方式出现，例如某些模糊但仍然持久的概念，暗示着她们在男人与工作之间存在着另一种选择，一般来说，选择工作和独立之路往往会阻塞通向男人之路。为了给这些患者留下深刻印象，此类概念在现实生活中没有依据，因此对她们来说也没有什么效果。而想象中的男性气质和女性气质之间、阴茎和儿童之间，所谓的替代方案的解释也是如此，同样起不到任何作用。如果把她们的执着看作是上述方案的表达，即使不被理解，那她们的执着也变得清晰明了了。一位患者，在上面提到的这种替代方案中，在她对所有工作的极端抵抗中发挥了相当大的作用，在以下幻想中，她表现出移情期间的潜在愿望：由于要支付精神分析费，她认为自己会花光所有的钱，变得一贫如洗。然而，精神分析无法帮助她克服工作给她带来的压抑感，最终，她各方面的支持和帮助都会被剥夺，她会变得非常无力，甚至无法支撑自己的生活。在那种情况下，她的精神分析师将不得不照顾她，尤其是她的第一位（男性）精神分析师。同样是这位患者，她坚持提出她无能力去工作，而且同样提出参与工作给她带来的有害结果，她试图通过这种手段来让精神分析师制止她的工作。如果精神分析师鼓励她，说她有能力胜任这份工作，并且鼓励她重返工作，她会以非常合乎逻辑的方式做出反应，其中确实有一种愤怒源于她的秘密计划所遭受的挫折，而其有意识的层面是，精神分析师认为她只适合工作，并希望阻碍她的女性气质。

在其他案例中，这种基本的期望表现为对女人的嫉妒，那些女人可以得到男人的支持，在工作上也受到了男人的帮扶。这些女性会产生很多幻想，她们希望收到男人的礼物，渴望得到男人的支持，希望给男人生孩子，从男人那里获得性满足，并且还希望男人能给她们精神上的帮助和道德上的支持。她们白天幻想多了，晚上这些口头虐待狂幻想便会出现在梦中。在两个案例中，患者通过证明自己确实没有能力去做，所以她们父亲给予她们支持。

从整个动态机制来说，她们的整体态度保持不变，直到人们将其纳入其秘密期望的框架，这具有以下效果：如果我无法以正常自然的方式获得父亲的爱，那么，当我没有办法通过一种正常的手段来赢得男人时，我会通过表现自己的无助来赢得爱情。其实，就和过去一样，她们靠赢得怜悯来赢得关注度。因此，这种自虐态度的功能是一种扭曲的神经症，是她们通过失真来获得异性恋目标的手段，这些患者认为这些目标只能通过这种手段达成。[1]

简而言之，人们可能会说，她们在工作方面的抑制感问题，其解决方案就是在这些情况下，她们无法对相关工作产生足够的兴趣。事实上，"工作带来的压抑"一词并没有充分涵盖这个问题，因为在大多案例中，最后表现出来的是精神上的贫瘠。她们仍然将自己的目标局限于性领域，该领域存在的冲突被转移到工作领域，但实际上工作上存在的压抑，最终是被对爱情的渴望和不懈追求以一种怜悯和柔和的关心所迂回取代。

在她们看来，工作的必要性使她们无法高产，不尽如人意，并且会让她们变得非常痛苦。这类型的患者就会在第

---

[1] 这里的这种想法总体上来讲，与赖希在《受虐狂者的特点》（载《国际杂志》，1932）中所表达的观点一样，他认为自虐行为有助于个体最后获得快乐，并对此进行了证实。

二种方式上下狠功夫，也就是会注重于性领域。该次要过程可以通过诸如婚姻之类的个人性经历来展开，但也可以通过环境中的任何其他类似事件来启动。这也可以用来解释之前已经提到的可能性，即当精神分析师误判真实情况时，精神分析也可能成为一个激动人心的因素，所以从一开始就可以把重点放在性领域上。

随着年龄的增长，困难自然会变得更加明显。面对性领域中的失败，一个年轻人很容易获得安慰，她们希望有更好的"命运"。至少在中产阶级，经济独立还不是一个紧迫的问题，而且，人们对利益范围的缩小也没有十分明确的感知。随着岁月的增长，比如大约30年代，爱情的持续失败被认为是一种致命的问题，同时逐渐建立起令人满意的关系的可能性变得更加无望，主要是出于心理原因：人们的不安全感增加，总体发展受阻，因此在表现年龄成熟带来的魅力感时发展失败了。此外，缺乏经济独立逐渐成为一种负担。最后，随着年龄的增长，人们越来越多地感受到工作和成就所带来的空虚，患者所感受到的对主观或客观环境的重视会扩展到工作领域和生活领域。久而久之，生活似乎变得缺乏意义，痛苦便会接踵而至，人们在对自己的双重自我欺骗中渐渐丧失了自我。她们认为只有通过爱情才能获得幸福，但从她们自身看来，她们永远无法实现这一目标，与此同时，她们对自己的能力价值的自信也在不断地减弱。

每个读者都很可能已经注意到，这里所描绘的女性类型在今天经常以不那么夸张的形式出现，总而言之，在我们的中产阶级知识界都是如此。我从文章开始就说过，这主要是由社会因素造成的，一些社会因素导致女性的工作范围缩小，于是出现了这种情况。然而，在这里描述的案例中，特定的神经症纠缠仍然出现在了个别不幸的个体当中，并且表现得尤为显著。

以上所有的描述可能会给人一种印象，即社会和个人的两组力量彼此分离，但实际不是这样子的。我相信，我可以在每一个案例中举出一个例子，以上提到的女性类型，只需以个人因素为基础就会导致目前所表现出来的形式。同时，我想这种类型的女性出现的频率是可以通过现实得以揭示的，只要在社会因素的影响之下，相对轻微的困难也会导致这类型的女性变成这种类型。

第十三章 女性的受虐癖问题[1]

关注女性的受虐癖问题，不仅仅要涉及医学和心理学领域，至少对西方文化背景里的学生们而言，该问题还涉及根源性因素，即评价女性离不开其所处的文化背景。事实是，在我们的文化大环境之下，女性出现受虐癖现象比男性更普遍。有两种依据可以证实该结论的可靠性。其一，有人曾尝试去探索受虐癖是否是天生的还是与女性的本性紧密相关。其二，有人针对任一性别的癖好起源和受虐倾向的分布问题，着手评估了社会条件在其中的影响分量。

在精神分析相关文学中，拿雷达和多伊奇的观点作为代表来说，该问题只能通过此观点得到解决，即认为女性受虐癖是解剖学角度性别差异的结果之一。于是，精神分析学家运用这一科学依据来支持以下理论，认为受虐癖与女性之间有着相当的关联性，精神分析方向暂未考虑社会条件作用影响的可能性。

---

[1] 这是从一份论文中延伸出来的观点，1933年12月该论文发表于美国精神分析协会在华盛顿举办的年中会议。载《精神分析综述》第十二期，1935。

该论文的任务包括评测造成该问题的性别因素和文化因素、仔细回顾在此方向上精神分析数据的有效性以及提出问题，关于精神分析知识是否能够被用于调查跟社会关系作用的联系的可能性。

有人总结了精神分析的观点，陈列如下：

女性在性生活和分娩的过程中所找寻的特殊的满足感是受虐的本质。关于父亲的早期性幻想内容是残缺不全的，也就是说，是被父亲阉割了的，月经来潮是一次隐秘的受虐经历。该类女性内心所渴望的性交是以强奸和暴力的形式所发生的性交，或者就精神层面而言，是以一种羞辱的方式。分娩的过程带给她一种潜意识下的受虐式满足感，同时，也是与孩子所发生的母性联系。此外，只要男人们沉湎于性虐幻想或表演中，就代表着他们在扮演女性角色。

多伊奇[1]为一种生物体本性设想了一种基因因素，这必然会得出女性受虐癖理念。雷达[2]指出，一个遗传因素可以导致性发展成性受虐方向。这里有一个不同意见，认为这些具体的女性受虐倾向是否由女性发展过程中的偏差造成，还是可以代表了"普遍"女性的态度。

有人认为至少在所有性格类别中，女性的受虐倾向明显

[1] 多伊奇：《女性被虐倾向与性感缺失有着内在联系》，载《精神分析内刊》第二期，1930。

[2] 雷达：《女性的阉割恐惧》，载《精神分析》季刊第三期、第四期，1933。

更高于男性。当一个人持有基本的精神分析理论认为性行为的模式亦是生活的基本行为写照，这个结论就是顺理成章的了，而在此模式中，女人被认为是受虐狂。随之而来的观点即是，如果所有或者大部分女性在性方面和分娩方面是受虐狂的话，毫无疑问，她们在生活中不涉及性方面也会比男性更加频繁地表露出受虐倾向。

这种思考表明，这些作者们都在处理一个问题，即普通女性的心理状态，并且不仅仅考虑一种病理因素。雷达表明他只考虑病理现象，但根据他对女性受虐倾向起源的学习与了解，一种因素不够充分但可以总结出大部分女性的性生活是病态的。雷达与多伊奇所持观点的不同在于，有一方认为只要是女性就一定带有受虐倾向，但这似乎仅仅停留在理论层面，并未太贴合事实。

没必要质疑这一点，即，女性可能会通过自慰、行经、性交以及生育来寻找自虐式满足感。毋庸置疑，这些现象确实存在。仍然值得讨论的是这些现象的起源以及发生的频率，多伊奇和雷达在分析此问题时，完全忽略了去研究发生的频率，因为他们坚持认为精神遗传因素相当强有力并且十分普遍，所以频繁性的相关研究是多余的。

在起源的问题上，作者们都认为女性成长过程中带有决定性的转折点在于她没有阴茎，作者们进一步认为当女性意识到男性阴茎的存在时，这种震惊的情绪会产生持久的影响。有两组关于该猜想的数据源：调查分析了神经症女性在幻想过程中会假想或已经假装拥有自己的阴茎；并且观察表明，当小女孩们发现男孩们拥有阴茎这一现象时，她们也表露出想要拥有阴茎的想法。

以上的观察足以支撑该猜想，证明对男子气概的期望在女性性生活中有所影响，并且该猜想亦可能用于解释女性的一些神经病现象。值得注意的是，这仅仅只是一种假设而不是一个事实；毫无疑问，作为一种假设是没有建设性的帮助的。并且，有人认为对男性的向往不仅仅是神经症女性的动力因素，也是所有女性的动力因素，但是没有数据可以证明此类说法。遗憾的是，由于历史学和民族学的认识有限，对于精神健康的女性或者是不同文化教育下的女性的探究依然知之甚少。

因此，由于发生频率、教育文化环境以及小女孩初次意识到男性阴茎的反应的分量缺乏相关数据，纵然这个关于女性成长的转折点的猜想耐人寻味并且具有启发性，但几乎不能作为一系列依据。为什么？当女孩意识到自己不具有阴茎的时候她一定就会变成受虐型吗？多伊奇和雷达用不同的方法阐释了该设想。多伊奇认为"迄今为止，那种狂热的性虐者依恋阴蒂，以走出阴茎缺失带来的阴影障碍……并且所有表现之中偏转回归到受虐癖的表现最为频繁"这种摇摆不定的受虐倾向也是"女性身体构造所造成的"。

让我们再问一遍：数据呢？据我所知，可能只存在于小孩子早期虐待幻想中。这个发现部分由直接观察精神疾病儿童患者（梅兰妮·克莱因）以及部分由对精神疾病成人患者进行分析重构上获得，并没有证据证明这些早期虐待幻想具有普遍性，并且令我纳闷的是，比如说，究竟是美洲印第安小女孩们还是罗布里恩群岛的小女孩们会有这样的早期幻想。然而，即使这种早期虐待幻想具有现实意义的普遍性，仍然有必要完善下面的三种深度的猜想：

这些施虐幻想是从狂热性虐狂对阴蒂的狂热痴迷而产生的。

女孩否认她自慰是因为没有阴茎而自怨自艾。

那些迄今为止还是狂热的性虐患者会自然而然地从内心深处转变为受虐型。

以上三种猜测似乎相当大胆。据说人们会畏惧自身所受到的敌对性攻击，并且随之转为更倾向被伤害，但是至于对某一器官的性瘾如何从施虐转为被虐仍然是非常神秘的一件事。

多伊奇想要"探究女性的起源"，通过她所说的"女性的阴柔就是女性精神生活中的消极受虐的性格"，她坚信受虐倾向是女性精神生活中最基本的能力。对于许多有精神疾病的女性来说，这个毫无疑问是事实。但是该猜想认为这从生物学和精神学角度上看适用于所有女性，这个观点是难以令人信服的。

雷达用一个更为细致的方法继续研究。首先，他并未致力于证明"女性主义"的起源，但却只想要说明确切的临床观察有关患精神疾病的女性。并且，他给出了一些珍贵的数据——关于女性对内心受虐倾向的各种反抗与挣扎。

此外，他并没有将拥有阴茎的想法作为一个既定事实，而是意识到一个问题所在。人们将会记住我曾提出过同样的问题，首先是琼斯然后是兰普·格罗特，各种各样的解决方法并没有一致性。琼斯、雷达和我都认为（女性）对男性身份的向往、或对男性的假想是一种防御机制。琼斯认为那是对失欲症所带来的危害的一种抵制。雷达是反对受虐倾向驱动一说的；而我则反对与父乱伦一说[1]。兰普·格罗特认为受虐情结源自对母亲的早期性幻想，这个可能超出了本文讨论这个问题后果的范畴，简而言之，我认为这个问题依然未得到解决。

雷达给出方法，用于女性发现自身缺少阴茎之后受虐倾向的发展：他认同弗洛伊德的说法，认为对阴茎的发现必定对女孩的自我认同造成震慑性影响，但他认为当下的情绪状况不同，所造成的影响也会不同。雷达认为，如果发生在性萌动初期，不考虑对自我认同方面的打击的话，这个认识过程是一次尤为痛苦的经历，因为这让女孩认为男性（拥有阴茎）可以通过自慰得到比女性更多的快感。雷达认为，这段经历非常痛苦，因为它就此摧毁了女性阴蒂自慰带来的快感。在了解到雷达如何从所谓的反应中推导出女性性受虐倾向缘由之前，我们有必要讨论一下可能存在的前提，即，认识里可能会有的主要快感绝对会把已获

---

[1] 由于一些原因，我不再认同这个观点，但这些原因后期会在文章中阐明。虽然我由于不同的原因得出了自己的结论，但实际上我是赞同雷达的观点的。

得的快感比下去。

这种猜想如何与日常生活的数据匹配？比如，一个男人觉得葛丽泰·嘉宝比其他女性更具魅力，但却没有机会亲眼见到她。这种"认识"所造成的后果是，让男人觉得身边的女性都不如魅力非凡的葛丽泰·嘉宝。这意味着如果一个人想象海边度假区能带来更大的乐趣，那么这种幻想就绝对会摧毁他原本对山川的热爱和兴趣。当然这种反应只是偶然被发现，且发生在特定人群中，也就是说，是那种十分贪婪甚至贪婪成病的人。雷达应用到的法则并非愉悦感追逐原理，称为贪欲原理更为贴切。这种理念很好地解释了一些神经症患者的反应，却不适用于"正常的"儿童或成人，并且是与愉悦感原理相悖的。后者意味着这条法则是在每一次特定情况下寻求满足感，即使没有提供最大满足感且提供的可能性微乎其微。正常出现的反应有两个因素：据弗洛伊德称，相较于精神病患，正常人在追求快乐和愉悦感时有很强的适应性和很高的灵活度；另外一个因素是一个无意识的现实测试过程，结果是一个自动记录器记录了无意识状态下和有意识状态下的已获得与未获得事物。即便假设那道现实测试流程在成人身上发挥作用快于儿童，喜欢洋娃娃的小女孩，即使她可能一会儿便会狂热痴迷玩具店里的其他更精美漂亮的娃娃，在意识到自己不可能得到更精美漂亮的娃娃后，她仍会继续兴高采烈地玩自己的洋娃娃。

我们不妨试着认同雷达的猜想，即女孩通过自慰所获得的性快感在发现阴茎存在的时候被摧毁。那么，如果女孩认为此举促进了她的受虐倾向发展会怎么样呢？雷达做出了如下辩论。阴茎的发现使得女孩遭受极大的精神伤害，这种伤害是女孩在性方面所受到的刺激，并且这种刺激感取代了之前自慰带来的快感，称为新的快感。女孩与生俱来获得快感的方式被掠夺后，她只得通过遭受折磨这一种方式来获得满足感，她对性的渴望变成了持续的受虐型。她可能之后会想到这样对性的奋争是危险的，进而做出各种各样的抵抗。但她对性的奋争绝对会变成受虐型，并且这种变化是永恒的。

这时候出现了一个问题，假定女孩会因为得不到主要快感而遭受严重的挫折，为什么这种痛楚会刺激到她的性方面呢？由于这个假设的反应是一块基石，作者建造了随后一生的受虐型态度，人们想了解支持该说法的事实依据。

由于目前为止仍无法呈现证据，一个人寻找周边相似的反应，那些反应有可能会为此种猜想提供可信度。一个记者的案例可能必须满足和小女孩案例一样的先决条件：一些痛苦的事件的发生打乱了女孩常规的性发泄方式。举个例子，想想一个人本来已经拥有较为满意的性生活，然后却被监禁起来，并且身处严格的监管之下，所有性宣泄方式都被禁止了。这样一个人会变成受虐狂吗？也就是说，他会不会通过观看、想象或亲身经历毒打过程或被虐来获得性刺激？他会沉浸在性虐的幻想和受罚得到的痛感之中吗？毫无疑问，这样的受虐反应极有可能发生。但这种情况也绝对只是众多可能出现的反应中的一种状况，并且只有曾有过受虐倾向的人才会产生这种受虐式反应。其他的例子也得到同样的结论，一个被丈夫抛弃的女人，如果没有任何应急的性发泄方式或性幻想，她可能出现受虐倾向；但是，如果她表现得从容不迫，那么她越有可能暂时性地放弃性生活，转而在朋友、孩子、工作或是日常快乐中找到满足感。再次说明一下，只有在女人已经出现受虐倾向的前提下，她才会在那样的情境下表现出受虐癖的样子。

如果我大胆猜想关于什么隐性的前提诱导了作者把如此具有争议性的观点看得如此显而易见，我认为这种观点过于乐观地评估了性需求的紧迫性——就像他用同样耐烦的贪婪去满足自己的性冲动并把这种贪婪归因于追寻快乐的结果。具体而言，就好像当一个人的性发泄方式被阻断，他便会马上抓住下一个机会获得性兴奋和性满足。

换言之，雷达假设的那个人所产生的反应确实存在，尽管并不明显也无法避免；他们推断当事情发生时，受虐倾向其实早就对人产生了影响。他们是受虐倾向的外在表现，并非产生受虐倾向的原因。

从雷达列出的原因来看，小男孩不会出现受虐倾向并不奇怪，几乎每个小男孩都或多或少见过成年男性的阴茎。他认为成人会拥有比自己更美妙的快感，比如说自己的父亲。这种获得更美妙快感的想法会毁坏男孩自慰时拥有的快感，他会承受一种严重的精神痛楚，这种痛楚会刺激到性方面带来性快感，并且他会把这种痛楚当作一种替代的快感从而变成被虐患者，不过这种情况很少发生。

我继续提出一个近期颇具争议的观点，假设女孩确实因为阴茎的缺失而产生严重的心理伤痛，假设女孩渴望中的更美妙的快感摧毁了她已拥有的快感，假设这种精神伤痛给女孩带来性刺激并且由此成为一种性快感替代品，假设所有有争议的思考都是为了得出这个论点：为什么女孩会持续通过受难去寻求快感？这样的因果看起来似乎是有矛盾的。一块石头掉落在哪儿便在哪儿，除非有外力作用去移动它。一个人，当遇到痛苦的事情时会让自己努力去适应现状。当雷达猜想随之自我防护反应会建立起来，以保护自身防止出现危险的被虐倾向，他并未质疑那些奋争本身。那些一旦建立，则被认为他们的驱动力不被改变。弗洛伊德着重强调人的童年印象会非常深刻持久，这是他伟大的科学发现之一。迄今为止，精神分析经验表明童年时期一旦发生过情绪反应，并且一直接受各种动态的主驱动力的推动，那么这种情绪反应会持续贯穿人的一生。如果雷达没有做出这样的猜想，认为在没有任何已有性格需求的支撑下，一个单纯的创伤可以产生长远的影响。接着他一定会设想即使那次震惊已经过去，据其所说，缺失阴茎所带来的痛苦依然存留，结果造成精神上对自慰行为的抵制并且性欲被永久地转变成被虐倾向。但是临床经验表明，有被虐倾向的儿童[1]并不会一直抵制自慰行为，这条所谓的因果链推断以失败告终。

与多伊奇的推断不同，雷达并不认为女性成长过程中一定会发生这种创伤事件，他纠正地认为，这种创伤事件与"异乎寻常的发生频率"有关联，根据他的猜想，实际上在特殊情况下一个女孩可以避开发展成为受虐癖的命运。有个含蓄的结论认为女性无一例外都会成为被虐狂，雷达犯了精神科医生也很容易犯的错误，如果他们努力从一个广泛的基础上解释病理现象，也就是说，参考有限的数据进行泛化的概括。大体上而言，精神病医生和妇科医生在雷达之前也犯过同样的错误：艾宾观察到受虐狂男性经常扮演遭受折磨的女性角色，她认为受虐现象是女性成长过快出现的特性；弗洛伊德也进行了同样的观察，他猜想受虐倾向和女性之间有着紧密的联系；俄罗斯妇科医生莱米洛对女性经历破处、行经、生育的过程印象深刻，她认为这些都是女性带着血色的悲剧；德国妇科医生李普曼对女性经历疾病、事故和生活中痛楚的频率印象深刻，猜想认为脆弱、易怒和敏感是女性身上的基本特性。

只有一个正当理由可以作为概括，即弗洛伊德猜想在病理现象和"正常现象"之间没有基础性差异，病理现象只不过表现得更明显。毫无疑问，这个法则拓宽了研究视

---

[1] 在跟大卫·莱维交流过程中，他列举了一些例子，这些例子表明幻想被打的女孩们沉浸在这些幻想中的时候依然会自慰，他认为据他所知受虐癖现象与生殖器官缺失没有直接关系。

野，但也应当注意它的局限性。比如说，在处理俄狄浦斯情结的时候，需要考虑这些局限性。首先，这个存在和含义能够直接反应在神经症上。这一认识加深了精神分析师们的观察，以至于精神分析师们频频观察一些轻微的暗示。继而下结论认为这是一个十分常见的现象，并且神经病患者只是会更强烈一些。这个结论仍是值得商榷的，因为人类文化学研究表明，在大范围的文化差异的环境之下，俄狄浦斯情结所代表的特殊配置是不存在的。[1]因此，一定要缩减该猜想的范围，这种介乎在父母与孩子之间特殊的情感模式只有在特定文化环境内才会产生。

实际上，同样的准则被发现应用于女性被虐倾向的问题中。多伊奇和雷达在神经病女患者身上发现了女性被虐狂这一现象，他们对此印象深刻。我认为每一位分析师都会进行同样的观察，或者运用他们的发现，使观察更为确切。通过直接敏锐的观察，人们就可以看到发生在女性身上的受虐问题，反之，这种现象就会像与女性相关的社会冲突一样，她们可能会被忽视，这完全是精神分析领域外的问题。比如说俄罗斯农妇只有在被老公打时才能感受到老公的爱。面对这样的证据，精神分析师得出结论认为他被迫面对一个普遍存在的现象，作用于以生物心理学为基础和自然规律法则。

图中部分实现的结果中出现的片面性或错误是由于对文

---

[1] 伯姆·F：《俄狄浦斯情结》，载《精神分析》第一期，1930。

化因素或社会因素的忽略——忽略了关于生活在不同文化习俗下的女性的设想。沙皇和男权统治下的俄罗斯农妇始终被用来当例子讨论旨在证明女性身上的受虐倾向是多么地根深蒂固，当这个农妇成为如今自信又自主的苏联女性时，她无疑会对将打击压迫视作感情流露这种现象感到很吃惊。这种意识上的转变会发生在特定的文化氛围中，而不是特定女性群体里。

再进一步讲，不管频率方面的问题什么时候出现，都会包含社会学方面的问题，即使精神分析的角度会对此进行否认，但也不能完全否认它们的存在。忽略这些考虑可能会导致一个对人体构造差异和他们个人的阐述作为诱因的错误的评估，这个诱因是由于部分或全部社会环境导致，只有将两个方面的条件综合考虑才能全面理解到位。

根据社会学和人类文化学方法论，有关以下问题的数据是值得参考的：

（1）在不同的社会和文化环境下，对女性器官的被虐态度发生的频率是怎样的？

（2）在不同社会和文化环境下，跟男性相比，一般的受虐式态度或行为表现的发生频率是怎样的？

如果这些调查使观点更为可信的话，即在所有社会条件下，有一种针对女性角色的被虐倾向说法，而且如果多数人群坚定的认同女人比男人受虐倾向更加普遍，才能合理地针对这个现象进一步寻求心理逻辑学因素。但是，如果并没有出现这样一种较为普遍的女性被虐倾向，那么可以

通过人类及历史学研究进一步找到以下问题的答案:

(1) 在什么样的社会条件下,女性频繁出现受虐倾向?

(2) 在什么样的社会条件下女性比男性更频繁出现受虐倾向?

在这样一个调查研究中,精神分析的要务就是为人类学家提供精神分析数据。除去变态行为和自慰幻想,被虐倾向和快感都是无意识的。人类学家无法探索到这些,他需要标准去鉴定并观察其表现形式,证明被虐驱动力的存在有着极大可能性。

如同在问题(1)中说的那样,给出这些数据是很简单的,涉及女性器官的被虐表现形式,以精神分析经验为基础对被虐倾向进行猜想是有理有据的:

(1) 当女性功能性月经失调症状频发的时候,比如痛经或经血过多。

(2) 当女性怀孕和生产过程中频频出现心理紊乱现象,比如说对生产的畏惧、烦躁、痛苦或是详细制定方法去避免疼痛。

(3) 当重复提及对于性关系持有这样的态度意味着这是在贬损女性或利用女性。

这些迹象并不绝对化,但以下有两条限制性的考虑:

(a) 精神分析领域习惯这样思考,猜测认为疼痛、受难或对受难的恐惧都由被虐驱动力一手促成,或者说,这些行为都能带来受虐快感,因此,有必要指出这样的猜想需要实证支撑。比如说,亚历山大猜想登山者背着沉重的背包登山也是一种带有受虐倾向的行为，尤其当登山者明明可以通过开车或轨道运输更轻易地到达山顶时。这种猜想有可能是真的，但更为普遍的原因会认为背着沉重背包登山的人是实事求是的表现。

（b）在原始部落里，受难或者是自残式疼痛可能都是一种神奇的方法用于规避危险，也可能跟个人受虐倾向完全无关。因此，要诠释这样的数据，就要从部落历史的整体性的基础知识进行关联考虑。

精神分析的任务跟问题（2）有关，一般性的被虐态度的相关数据更难获得，因为对整体现象的理解仍然具有局限性。实际上，弗洛伊德的观点认为这跟性与道德有关，现今的理解并没有比弗洛伊德的见解高级很多。然而，出现了一些开放性问题值得讨论：主要性现象也能拓展到道德层面，还是一个道德现象也能拓展到性层面？合乎道德的受虐倾向和性虐倾向是两种不同的过程，还是只是一个普通的基础过程所分化的两组表现形式？或者说，受虐倾向是一种总括性术语，用来描述非常复杂的现象呢？

人们在使用同样的术语描述差别很大的表现形式时会觉得合乎情理，因为所有的术语都有一些共性：都倾向去强调幻想、梦境，或是在现实世界、真实状况中的受难；或者是感受非同寻常的磨难，这种磨难并不会同时发生在普通人身上。这种磨难可能涉及生理或心理层面，有些快感或紧张情绪的放松与此相关，并且这就是这种磨难想要得到的效果。这种快感或紧张情绪的放松可能是有意识的，也有可能是无意识的，与性相关或与性无关。与性无关的功能可能都不尽相同：对抗恐惧的安心感、补偿罪过、答应效忠某人、制定难以实现的目标策略、间接的故意形式。

认识这种广泛分布的被虐现象与其说是振奋人心的，不如说是令人困惑的、眼花缭乱的以及具有挑战性的，并且这些一般观点对人类学家的研究没有太多帮助。然而，假如所有与条件和功能相关的科学领域的担忧被搁置一边，人类学家的观察基础仅停留在那些表面的态度能被观察到的病人身上，他们在精神分析情境下，受虐倾向清晰可见。因此，为了这个目的，他可能足够去列举这些态度并且不去追溯他们个体情况的细节。不用说，并不是每个属于这个类别的病患都有出现受虐倾向；迄今为止整个综合症状很典型（如同每位分析师都会意识到的事实那样），如果一些倾向在治疗初期就十分明显，那么分析师就能十分可靠地预言全部的设想，当然细节方面可能会稍有出入。细节方面涉及出现的次序、在单一倾向里面比重的分配，以及特别的形式和建造防御的强度，用于保护自我免遭这些受虐倾向的危害。

让我们思考一下，在病患身上获得了哪些跟普遍性被虐倾向有关的数据。据我所见，这种人格表层结构主线如下：

这里有很多方法能够获得安心感用来抵抗恐惧。放弃是一种方法，另一种方法是抑制，第三种方法是否认恐惧的存在并且变得乐观积极，以及其他很多方法。被爱是被虐倾向患者用于获得安心感的一种特殊的方法，由于病患焦虑心情起伏不定，他需要得到持续的关心和爱情，并且由于他从不相信这些情感表达，只是可以短暂地信任而已，所以他对关心和爱有着额外的需求。因此，一般来说，他在处理人际关系方面是很情绪化的：很容易产生依赖性，因为他会期望身边的人给予他安全感；很容易失落，因为他从没得到过也永远得不到自己想要的东西，这种对"美妙的爱"的期望或幻想经常起到很重要的作用。性成了最为普遍获取爱的途径，他总是过分重视性关系，并对性幻想产生依赖，他认为性能解决世界上所有的问题，他的这种执念有多深，或者在现实中，他有多么容易获得性关系，都取决于他在性欲方面的压抑程度。提及到他以往的性关系，或者以往尝试发生的性关系，人们往往察觉不到任何快乐，能感觉到的都是他失败的爱情经历，他曾被虐待、被抛弃，因此倍感失落和羞辱。而提及到他在不涉及性的关系当中，也同样会感受到他的不快乐，他觉得自己无能，唯命是从，因此觉得自己被羞辱、被虐待，以及被利用。当他感觉到这是个既定事实，即，他是不够格的，或者说生活是残酷的，可以看到在精神分析情况下这并不是事实，而是一个难以克服/难治的倾向，这种倾向使得他执着于所见之事或往这个方向发展。此外，这种倾向在心理分析情景下被当作一种无意识的安排，这种无意识的安排一直促使他毫无缘由地触发打击、感受毁灭、被虐待、被羞辱。

因为其他人的爱和同情对他而言十分重要，他很容易变得极度依赖别人。并且据分析师称，这种过度依赖在两性关系中表现得十分明显。

另一个观察到的原因存在于他那极度减损的自尊里，他从不相信他可能获得的任何形式的爱情（取代了之前通过依恋对方而获取渴望的安全感）；他觉得自己低人一等，绝对不可能得到爱情也不值得被爱。另一方面来看，仅仅就是自信心的缺乏使得他认为，通过诉诸拥有和展示自卑的情绪、缺点和遭难是得到他想要的爱恋的唯一的方法，可见他自尊心的减损源于他丧失了所谓的"适当的进取心"。我所指的是工作能力，包括以下基本属性：积极主动，努力用功，有始有终，获得成功，坚持自己的准则，受到攻击时懂得防护，独立思考并表达自己独特见解，认清目标并懂得根据目标规划人生。[1]那些有被虐倾向的人，他们给人的普遍感觉就是很压抑，这也就是为什么他们总是在生活中挣扎和无助的原因，也是他们为什么总是对他人的倾听和帮助充满期待的原因。

心理分析学家表明，倾向于对任何竞技比赛中的退缩畏惧是另一个观察到的原因，造成他们难以实现自信并拥有主见，他们的心障来自费尽心力去克制自我，从而规避竞技比赛中的风险。

---

[1] 在精神分析学领域，舒尔茨·亨克尔斯在《命运与神经官能》一书中尤其强调这些抑制倾向的致病性。

反抗的情绪必定建立在这样自暴自弃的性情之上，同样也不可能被自由地表达出来，因为它们被认为会给守护自己安全感的那个人带来伤害，这是保护自己对抗焦虑的主要部分。因此，缺点和受难虽然已经发挥了许多作用，但现在仍然扮演一个媒介的角色，用于间接表达反抗情绪。

　　据人类学调查研究表明，在已观察到的情绪中，这种综合征的出现是受可能发生的主要错误来源之一的影响；也就是说，受虐倾向不总是像这样显而易见，因为它们频频被自我防御掩藏起来，只有自我防护机制消失的时候才会明显展现。如同一个对这些防御的分析明显是超出这个调查范围的，这些防护措施一定被表面解读了，结果是这些被虐倾向的实例一定在观察过程中被忽略掉了。

　　回顾一下所观察到的被虐倾向，除开这些倾向所包含的更深层次的动机，我建议人类学家在收集数据时考虑以下问题：在什么样的社会或文化环境下，女人出现被虐倾向比男人更频繁。

　　（1）抑制倾向的指示直观表现为强烈要求和挑衅；

　　（2）一个觉得自己软弱、无助或者低人一等的人，并且在此基础上含蓄或明显地要求体谅及好处；

　　（3）变得情绪化且对另一方有依赖性；

　　（4）表现出一些倾向，包括愿意自我牺牲、听话顺从、感到被利用、对另一方充满责任感；

（5）利用软弱和无助去讨好和驯服另一半。[1]

以上列出的几点直接概括了受虐女性的精神分析经验，除此之外，我也会呈现确切的概括关于造成女性被虐倾向的诱因。我预计这些现象会出现在任何文化背景下，这些文化背景还包含了以下一种或多种因素：

（1）豪爽的性格和性欲发泄出口受阻。

（2）由于要生育和抚养儿女，孩子的数量的限制给女性提供了各种令人满意的发泄渠道（亲切、成就感、自尊）。当养育儿女成为社会评价的量尺时，这种限制变得愈发重要。

（3）整体来看，女性被认为是次于男性的存在（故导致女性的自信大大削弱）。

（4）女性的经济依赖于男性或家庭，因此，以情感依赖的方式造就了情感上的适应。

（5）女性生活中各方面受到限制。女性生活的方方面面主要基于情感纽带搭建而成，比如家庭生活、宗教、慈善工作。

（6）适婚女性过剩，尤其是婚姻为性满足、后代、安

---

[1] 这可能会打击到精神分析读者，即在所列举的原因里，我没有限制我自己分析那些只在童年时期有很大影响的情况。然而，必须要考虑到（1）孩子会间接通过家庭感受到那些原因产生的影响，尤其是通过周边施加在女性身上的影响；并且（2）虽然被虐倾向（像其他神经性疾病一样）最初产生于童年时期，之后的生活状态决定了总体情况（也就是说，哪个人的童年环境没那么糟糕，那么他们所表现出来的受虐倾向也会有所削减）。

全和社会认可提供了重要的机会。[1]这种情况是很有意义的，因为其有利于［同（3）和（4）］形成对男性的情感依赖。总的来说，这种发展不是自然而然的，而是由现存的男权意识塑造起来的。这种相关因素也在女性中创造了一种极其激烈的竞争，其中，反作用成为性受虐现象的诱因。

列举的全部因素同时发生，例如，如果努力（关于职业突出成就）的其他发泄出口同时受阻，女性之间激烈的性竞争会更加强有力。似乎没有任何一种因素要单独为偏离正常的发展而负责，而是一连串的相关因素。

尤其是必须要考虑一个事实，那就是将部分或所有建议的因素呈现在文化背景下，关系到女性"本质"的某种固有的意识形态可能会出现，比如认为女性天生就是弱者、情绪化且缺乏独立的学说，局限于独立工作和自主思考的能力。有人想将这一类别纳入精神分析的教条，认为女性天生就是受虐狂。很明显的是，这些意识形态不仅呈现女性从属地位是无法改变的，让女性甘心接受，还植入了一种信念，让其相信这代表着她们渴求的满足感，是值得为之努力的、可贵的理想状态。而男性愈加频繁地选择拥有这些特点的女性，这一事实极大加深了那些意识形态对女

---

[1] 然而，这一点必须牢记，如家庭包办婚姻等社会规范会极大削弱该因素的效果，这一原因也阐明了弗洛伊德的假设，那便是女性通常比男性更善嫉妒。就目前德国和奥地利文化而言，该观点可能是正确的。但是，更加纯粹地从个别解剖生理学来源（阴茎妒忌）进行推断并不具有说服力。虽然可能只是在个别案例中出现，正如前面提到的普遍性，不考虑社会条件的话，会受到同样的坚决反对。

性的影响力，这意味着女性的性欲潜力取决于她们是否符合构成其"本性"的形象。因此，毫不夸张地说，在这样的社会组织中，受虐狂的态度（或者更准确地说，受虐癖更温和的表达）更偏爱女性，因其对男性失去了信心。情感上依赖异性（依赖男人的女人）、全身心投入"爱情"、压制豪爽性格、自主发展等特点被视为女性可取的品质，但如果在男性身上发现这些特点，便会遭受辱骂和嘲讽。

有人认为这些文化因素实际上在女性身上发挥着十分强大的作用，以至于在我们的文化中，很难发现有任何一个女人没有些许的受虐倾向。这种结论是单从文化的影响得出，不考虑在女性解剖生理特性上的促成因素及其心理影响。

某些作家，多伊奇正是其中一位，她从神经病女性患者身上归纳出了精神分析经验，并认为我之前提及的文化背景本身就是这些解剖生理特征的影响结果。在制定所建议的人类学调查类型之前，争论这种过度泛化的观点毫无用处。然而，让我们来看看女性体质因素。事实上，这种体质因素促使女性接受受虐地位。女性的解剖生理学因素可能为受虐现象提供了滋生的温床，在我看来，它们实则如下：

（1）男性平均体力要强于女性，人种学者认为这是一种后天的性别差异，但在如今仍然存在。尽管弱势与受虐癖不同，较弱的体力却可导致女性受虐地位的情感概念。

（2）强奸的可能性同样可以引起女性被袭击、被制伏或者受伤的幻想。

（3）月经、处女膜破裂、分娩都是会导致流血甚至疼痛的过程，也可能成为受虐倾向发泄的出口。

（4）性交的生理差异也服务于受虐倾向的表达方式。施虐癖和受虐癖从根本上与性交毫无关系，但性交中（被进入）的女性角色使其更容易被人为误解（在需要时）为受虐的一方，而男性角色则成为施虐者。

这些生理功能本身不具有女性受虐的隐含意义，也不能导致受虐反应，但是如果其他来源[1]的受虐需求出现，它们可轻易地加入受虐幻想中，从而使其提供性受虐满足感。除了承认女性可能对其角色的受虐观念有所准备，所有关于女性受虐癖组成的附加断言都是假设。成功地进行了心理分析后，一切受虐倾向都会消失，这样的事实和对非受虐型女性的观察（毕竟存在），告诫我们不要高估了已有准备的因素。

总结：女性受虐癖问题与女性解剖生理及精神上的特征中固有的因素无关，但重要的是，必须考虑到受文化背景或特殊受虐癖女性所成长的社会组织条件的制约。这两组因素孰轻孰重还无法评估，除非我们在与本文化有明显差异的几个文化地区进行人类学调查，使用有效的心理分析标准得到调查结果。然而，显而易见，在这个问题上，解剖生理和精神因素的重要性已经被某些作者大大高估了。

---

[1] 关于受虐狂倾向的由来，我将在之后的讨论中阐释我的观点。

第十四章 女性青春期的人格变化[1]

在分析成年女性的神经症问题或性格障碍时，人们经常会发现这两个条件：

（1）尽管在所有案例中，决定性矛盾在儿童早期就已形成，但是第一次人格变化是发生在青少年时期的。那个时候，她们不会对社会环境造成什么危害，从病理学上也看不出什么迹象，不会对她们未来的发展有什么危害，也不需要治疗，但是，这个阶段出现短暂性的麻烦是很正常的，人们甚至渴望这个阶段会有烦恼出现，觉得这是希望的迹象。（2）这些变化的开始大致与月经的开始一致，这种联系既不是因为患者没有意识到巧合，或者即使她们已经观察到了时间上的巧合，但她们并不会觉得这有什么特殊意义，因为她们压根儿没有意识到，或者说"忘记"了心理暗示月经给她们带来的意义。与神经症状相反，人格改变逐渐发展，这也有助于掩盖和模糊真实的联系。通常只有在患者深入了解月经对他们产生的情绪影响之后，她

---

[1] 发表于1934年美国行为精神病学会会议。

们才能自发地看到这种联系。我暂时先区分一下这四种类型的变化：

（1）女孩会开始沉迷于一些高雅的活动，她们会很反感色情方面的东西；

（2）女孩变得沉迷于色情领域（尤其是那些让男孩疯狂的领域），失去对工作的兴趣和能力；

（3）女孩在情感上变得"超然"，抱着"不在乎"的态度，不能把精力投入任何东西；

（4）女孩发展同性恋倾向。

这种分类是不完整的，当然不包括现在存在的所有可能的情况（比如，妓女和罪犯的发展），但我所提到的都是我可以有机会观察，直接治疗或者通过治疗大部分患者得出的参考，我所指的变化仅仅只是她们的变化。此外，这种划分是任意的，因为行为类型的划分必然是带有虚构的，轮廓分明的类型总会出现，同时，实际上所有过度和混合的类型也经常会出现。

第一组全部由女孩组成，提到两性的解剖和性别功能差异，以及繁殖之谜，她们自然变得很感兴趣，她们喜欢那种吸引男孩子的感觉，也很喜欢和男孩子一起玩耍。在处于青春期时，她们会突然陷入精神问题、宗教、道德、艺术或科学追求，同时她们会对色情领域失去兴趣。通常，经历这种变化的女孩此时不会来接受治疗，因为家人对她的严肃性和缺乏调情倾向感到高兴。她们的问题并不明显。但这种情况会在随后的生活中出现，尤其是婚后。由于以下两个原因，很容易忽视这种变化的病理性质：（1）这些年来，人们期望对某些心理活动产生浓厚的兴趣。（2）女孩本人在很大程度上没有意识到她真的对性欲感到反感，她只是觉得她对男生不感兴趣，也不是很喜欢去参加舞会、不爱约会、拒绝调情，因此这些事情也就渐渐地在她们的生活中淡去。

第二组呈现出相反的情况，她们是一群很有天赋很有前景的女孩，但在这个时候，她们对男生之外的一切都不感兴趣，没办法对其他事情集中注意力，在着手做事情之后用不了多久就会完全放弃，她们完全被色情领域所吸引。这种转变，正好相反，被认为是"自然的"，并且通过类似的合理化进行辩护，以至于这个年龄的女孩将注意力转向男孩，舞蹈和调情对她们来说是"正常的"。当然是这样，但以下趋势又怎么讲呢？这个女孩强迫性地爱上了一个接一个的男孩，没有真正关心他们中的任何一个，并且在她肯定已经征服了他们之后，她要么主动放下他们，要么催促他们放弃她。尽管有相反的证据，她仍然觉得完全没有吸引力，并且她会回避实际的性关系，在社会需求的基础上使这种态度合理化，尽管真正的原因是她的性冷淡，正如她最终冒险迈出这一步所表明的那样。一旦没有男人仰慕她，她就会变得沮丧或忧虑。另一方面，她对待工作的态度不像对抗所暗示的那样，而是事实的"自然"结果，由于她对男孩子们的占有欲，她其他的兴趣都被抛诸脑后，但她其实很有野心，此时她会觉得自己干什么都无能为力。

第三种类型在工作和爱的领域都受到抑制，同样，这在表面上不一定明显。从表面上看，她会给人留下很热情的印象。她与社会交往没有任何困难，男女朋友都有，她可以很老练、坦率地谈论一切性行为，假装根本没有任何抑制，有时也会陷入一种或另一种性关系，但不会和他们有情感上的瓜葛。她是独立的、孤僻的，是她自己和他人的观察者，是生活的旁观者。她可能会自欺欺人地认为自己是超然的，但有时，至少，她敏锐地意识到任何人或任何事物之间都没有深刻、积极的情感联系，这没什么大不了的。她的能力和天赋之间存在明显的不协调性，她缺乏爆发力，通常她觉得自己的生活是空洞无聊的。

第四组是最容易描述且最知名的，在这里，女孩完全不理睬男孩，她们喜欢和女孩黏在一起并发展很强烈的友谊，这种性别倾向可能是故意的，也可能是无意识的。如果她意识到这些倾向的性特征，这样的女孩可能会有强烈的罪恶感，就好像她是罪犯一样，她的工作态度可能会有所不同。她时而野心勃勃，很能干，但也会经常难以确定自己是否在时效方面存在"神经症障碍"。

这是四种截然不同的类型，但即使是表面观察，如果只是足够准确，也表明它们有共同的趋势：关于女性自信，对男性的冲突或对抗态度以及没有能力去"爱"——不管这个术语指什么。如果她们不完全躲避女性角色，她们会反抗它或以扭曲的方式夸大它。在所有这些情况下，更多的内疚与性有关，远超出她们所承认的。"并非所有嘲笑她们戴镣铐的人都是自由的。"[1]

精神分析观察显示出更为惊人的相似性，以至于有一段时间人们容易忘记她们对生活态度的差异：

她们都感到对所有人，男人和女人的普遍对抗，但她们对男人和女人的态度却有所不同。虽然对男性的反对力度和动机各不相同，并且相对容易引发，但对女性来说，存在绝对的破坏性敌意，因此它被深深地隐藏起来。她们可能还没有意识到这种敌意的存在，但是从来不会意识到这种敌意的范围，它暴力又残酷，并且还有更深的隐含意义。

所有人都对手淫有强烈的防御态度。她们最多可能还记得自己小时候有过手淫行为，或者甚至否认自己曾经做过这件事情。在意识层面上，她们十分真诚。她们没有去练习手淫，或者是对其抱有回避的态度，并且她们现在也没有手淫的欲望。正如后面所示，这种强大的冲动存在，但与她们的性格完全分离，并以这种方式隐藏，因为它们被混杂在巨大的内疚和恐惧之中。

是什么导致了对女性的极端敌意？从她们的生活史中只能找到一部分。对母亲的责备表现在以下几个方面：缺少温情、保护、理解，母亲偏爱弟弟，女性自己有严苛的性洁癖。所有这一切或多或少得到了事实的支持，但她们自己认为敌意与现有的怀疑、蔑视以及仇恨的程度不成

---

[1] 席勒：《那些嘲笑其镣铐的人并不都是自由的》。

比例。

然而，真实的含义在她们对女性分析师的态度中变得明显。避开技术差异、个体差异和防御差异不谈，我们正在讨论的这些类型的特点，将会发展成如下情形：她们深信分析师不会喜欢她们，她们怀疑分析师会对病人有深深的敌意，觉得分析师会特别反感她们的幸福和成功，尤其是会谴责她们的性生活，并且会对她们的性生活进行干扰，或者想要对她们进行指指点点。

尽管这已经被揭示，是患者处于愧疚而做出的回应，也是她们对恐惧的一种表达，人们会逐渐明白，她们的忧虑是有原因的，因为她们在精神分析的环境下，对精神分析师的实际行为是出于强烈的鄙视而造成的，她们想要打败精神分析师，不管她们是否会与此同时挑战到自己的极限。

然而，实际行为仍然只是对现实水平的现有敌意的表达。只有当一个人陷入幻想的生活中，比如做梦或者在白日梦里，它的全部范围才得以表现出来。在这里，敌意以最残酷、最原始的形式存在。

这些残忍的原始冲动在幻想中存在，让人们对母亲和母亲形象有了深深的愧疚感。此外，她们最终还是可以理解为什么手淫可以完全被压抑，而且与此同时，还伴随着恐惧。性幻想总是伴随着手淫，因此人们也会对手淫产生内疚感。换句话讲，内疚感其实是和手淫这个身体过程没有关系的，它是和性幻想有关。然而，只有手淫过程和手淫欲望可以被克制。性幻想一直保留在内心深处，并且在很小的时候就受到抑制，因此仍然保留着其稚嫩的特征。虽然人们没有意识到性幻想的存在，他们还是会不停地产生愧疚感。

但是，手淫的身体部位是非常重要的。手淫会使人产生强烈的恐惧感，这种恐惧的本质是害怕自己的身体部位被破坏，并且是难以修复的那种破坏。尽管人们还没有意识到恐惧本身所蕴含的内容，但是已经找到了大量的伪装表达，这些伪装表达隐藏在对从头到脚所有器官的疑病症恐惧中，作为女性，她们担心自己会有问题，她们担心自己永远嫁不出去，担心自己不会生孩子，最后，从所有案例普遍来看，她们主要担心的是自己魅力不够。虽然这些恐惧可以直接追溯到身体手淫，但她们还是只会从手淫的身体暗示中去理解问题。

恐惧其实意味着："因为我对我的母亲和其他女人有残酷且具有摧毁性的幻想，所以我应该害怕她们想以同样的方式摧毁我。以眼还眼，以牙还牙。"

对报复的恐惧也是导致他们对分析师感到不安的原因。尽管人们有意识地对她的公平性和可靠性充满信心，但她们不禁深深地担心，悬挂在她们身上的剑必然会坠落。她们不禁会产生分析师会对她们带有恶意，会故意伤害她们的想法，她们必须在使分析师不高兴的危险和暴露自己的敌对冲动的危险之间选择一条狭窄的道路。

她们总害怕自己会受到致命的攻击，这也让人们可以理解她们为什么总是觉得自我防御很重要，她们通过回避并试图打败分析师来做到这一点。因此，经过升华，这种敌意便与防御有着密切的关系。同样地，她们对母亲的大部分仇恨都有同样的含义，即对她怀有愧疚感，并通过反对她来抵御与这种内疚有关的恐惧。

当这一过程得以实现时，对母亲的对抗的主要来源可以体现在感情方面。从一开始就可以看到这种事实的痕迹：除第二组——参加与其他女孩竞争之外，剩下的组别，尽管有很多忧虑，她们还是会选择避免与其他女孩竞争。不管在哪里，只要有其他女性出现，她们会立即撤退。她们确信自己缺乏吸引力，觉得自己不如周围的任何其他女孩。在这场斗争中，我观察到她们与分析师有一样的倾向，以此来避免竞争的出现，实际存在的竞争性斗争隐藏在她们自卑无助的感觉背后。即使她们最终不得不承认她们的竞争意图，她们也只是简单提到自己在工作中的智力和能力，同时，她们会对比较避而不谈，因为比较就意味着已经上升到了女性的角度。例如，她们一直对分析师的外表和衣着保持冷静态度，克制着自己要鄙视她们的冲动，因为一旦这种想法浮出表面，就会陷入令人窒息的尴尬境地。

竞争是必须要避免的，因为她们在童年时期就和妈妈或者姐姐之间形成强烈的竞争。通常，以下因素有一种或几种会极大加剧女儿与母亲或姐姐之间的竞争：性发育和性意识的早熟、妨碍自信发展的早期威胁、父母之间的婚姻冲突，强迫女儿站在父亲或母亲的一方、母亲方面直接或间接的拒绝、父亲对小女孩表现出的过度的爱，这会从关注她发展到与她有公然的性接触。简要地总结一下以上行为，我们发现这个恶性循环已经建立起来了：对母亲或姐姐产生嫉妒，并与她们形成竞争、敌意冲动存在于幻想之中、内疚，害怕被袭击或者受到惩罚、防御性敌意、增强的恐惧和内疚。

正如我所说，于此种种起源的内疚和恐惧最能牢牢地固定在自慰幻想中。然而，它们并不局限于这些幻想，而是在很大程度上传播到所有性欲和性关系。她们被带入男性的性关系当中，并带着愧疚和忧虑围绕在他们身边。在很大程度上，她们与男人之间的关系并不满意，她们要为这种事实负责。

还有其他原因可以解释这个结果，这个结果必须更直接地与她们对待自己的态度有关。我只是简单地提到一下，因为它们与我在本文中要强调的要点没什么关系。女性可能会对男性抱有原始的憎恨，从原始的失望出发，最后导致想要秘密报复他们。而且，在感到自己不讨人喜欢的同时，她们可以预期到会被男人拒绝，因此会对他们产生敌对反应。在这种情况下她们就会脱离女性角色，因为女性角色带来很多冲突，她们经常会发展形成男性竞争，将她们的竞争趋势与她们和男性之间的关系联系在一起，她们以一种男性的身份与男人之间进行较量。如果这种男性角色非常适合她们，她们可能会对男性产生强烈的嫉妒，并会有贬低他们才能的趋势。

这种类型的女孩进入青春期后会怎么样呢？在青春期，性能量的紧张程度增加；性欲会变得更加苛刻，必然会遇到内疚和恐惧反应的障碍，实际上性经历的可能会使这些因素加强。这时候来月经，对于那些害怕手淫会破坏身体的女孩们来说，这种害怕已经得到了证实，来例假就是一个有力的证明，证明破坏已经发生。关于月经的理论知识在这个时候也没用，因为她们的理解只停留在表层，而恐惧是从深层传来的，所以两者没有必然的联系。这种情况会变得越来越严峻，欲望和诱惑是很强烈的，恐惧也同样强烈。

患者说，似乎我们不能长期忍受在有意识焦虑的压力下生活——"宁可去死，也不想活在焦虑当中"。因此，在这样的情况下，必要性迫使我们去自动改变自己对生活的态度，我们要不就避免焦虑，要不就建立自我防御抵制焦虑的体系。

我们谈到的这四种已经呈现出来的基本冲突，它们代表了避开焦虑的各种方法。选择各种方式的事实说明了类型的差异，她们发展出相反的特征和相反的趋势，尽管她们的共同目标是避免同样的焦虑。第一组中的女孩通过避免与女性完全竞争并几乎完全躲避女性角色来保护自己免受恐惧，她的竞争冲动从原来的背景中脱离了，并被移植到一些心理领域。为了拥有最佳角色、最高理想，或成为最优秀的学生而竞争，目前已经从为了男人而竞争中移出，因此她的恐惧也大大减少，她在追求完美的同时也帮助她克服了内疚感。

解决方案非常激进，具有很大的临时优势。多年来，她可能会感到非常满足。只有在最终她与男人接触时才会出现反面，尤其是如果她结婚的话，会显得更加叛逆。有些人可能会观察到，她的满足和自信都突然崩溃，一个自信、乐观、有能力且独立自主的女孩突然变成了一个对现实愤世嫉俗不甚满意的人，她陷入自卑，容易沮丧，并且将自己束缚在婚姻的责任当中。她变得性冷淡，对她的丈夫持有一种竞争态度，而不是去关爱他。

第二组中的女孩不放弃与其他女性竞争的态度，每当有机会出现时，她会以非常机敏的态度战胜其他女性，结果就是，比起第一组的女孩，她会有一种自由浮动的焦虑感出现。她避开这种焦虑的方法是向男人发声，第一组的女孩会从战场上撤退，而第二组的女孩则会选择求助男性同盟，她们对男性的永无止境的崇拜并不代表她们有比传统意义上更多的性需求。事实上，如果她们进入真正的性关系，她们也会变得性冷淡。一旦她们不能拥有一个或几个男朋友时，男人会让她们变得更加自信这一功能就会变得很明显；她们的焦虑就会浮于表面，她们会觉得自己很孤独，没有安全感，并会迷失自我。赢得人们的钦佩也是对她们的保证，因为她们害怕自己"不正常"，正如我所指出的那样，是害怕手淫损坏身体的结果。她们有太多的愧疚和恐惧与性有关，因此，这就让她们和男人之间产生了满意的性关系。因此，只有不断重新征服男人才能达到提高自信这一保证的目的。[1]

第四组，潜在的同性恋者，试图通过过度补偿解决问题，因为她们对女性存在摧毁性的敌意。"我不恨你，我爱你。"有人可能会把这种变化描述为完全盲目地否认仇恨。她们取得成功的程度取决于个人因素，她们经常会梦到自己对那些潜意识觉得有吸引力的女孩施暴，那种暴力和残忍的程度是极度变态的。她们与女孩的关系失败会使她们陷入深深的绝望之中，这种绝望甚至会让她们产生自杀的想法，这表明她们将这种攻击行为转向了她们自己。

和第一组一样，她们完全躲避自己的女性角色，唯一的区别是，她们沉迷于自己可能会发展成为一个男性的虚构中。在非性的层面上，她们与男人的关系往往没有冲突。此外，第一组完全脱离了性行为，同时也从性行为的获益中抽身而退。

解决第三组女孩问题的驱动力与其他三组不同。虽然所有其他人的目的都是通过情感上的依赖来保证自己的某些东西，如成就、男人或女人，她们的主要方法是逃离自己的情感生活，以减少自己的恐惧。"只要你不动情，那你就不会受伤。"这种脱离原则可能是对焦虑最有效、最持久的保护，但它所付出的代价似乎也非常高，因为它通常

[1] 《过分重视爱情》对这种类型的女人身上起作用的机制进行了更具体的描述，发表于《精神分析季刊》，参见本书中的《过分重视爱情》。

意味着活力和自发性的减弱以及可用能量的显著恶化。

　　心理动力学的复杂性情结会导致表面看上去很简单，如果不熟悉这种情结，那么就会在人性变化的四种类型的全面解读中出错。例如，其意图不是对同性恋或脱离现象进行"解释"，而是仅从一种观点来看待她们，代表对类似潜在冲突的不同解决方案或伪解决方案。选择哪种解决方案并不取决于女孩的自由意志，正如为"选择"一词所暗含的意思一样，但严格地取决于童年事件和女孩对那些事情的反应。

　　环境的影响可能非常引人注目，只有一种解决方案是可能的。那么人们可能会遇到纯粹且清晰的描述类型，其他人则受到青春期期间或之后的经历的驱使，放弃一种方式，尝试另一种方式。例如，在某段时间内会像唐璜一样，但此后便会禁欲。此外，人们会找到不同的解决方法，同时也会进行不同的尝试，例如，对男孩十分狂热的女孩可能会表现出冷漠的趋势，尽管她们从未在第三组中表现出来，或者第一组和第四组之间可能存在难以察觉的过渡。如果我们已经理解了明确类型中所呈现的各种态度的基本功能，那么这种现象的变化和典型趋势的混合并不会给我们的理解带来任何特别的困难。

　　关于预防和治疗的一些评论：我希望，即使可以很明显从这个粗略的轮廓看到，任何在青春期进行的预防性努力，例如对月经的合理启示，都已经太晚了。启发只有在智慧层面才可以被接受，而且它不会深入解决婴儿时期就存在的恐惧，预防只有从生命的最初几天开始才有效。我认为以这种方式制定目标可能是合理的：教育孩子要勇敢，要有忍耐性，而不是让她们充满恐惧。然而，所有这些通用方式可能根本没用，但却更具误导性，因为它们的价值完全取决于她们从中得到的特殊和确切含义，而我们应该对其进行详细讨论。

关于治疗：有利的生活环境可以治愈轻微的障碍。我怀疑，对那些使用不太精密工具的精神治疗师来说，这种清晰的人格变化是否更接近于精神分析师，比起单一的神经症症状，这些干扰在整个人格中表达的是一种不安全的基础。但是，我们不能忘记，即便如此，生活可能是更好的治疗师。

第十五章　对爱的病态需求[1]

　　本篇我想讨论的话题是对爱的病态需求，由于这些临床资料已经以这样或那样的形式被描述了很多次，你们对此也已熟悉，所以在这里我可能不会展示新的观察结果。这个主题是如此广泛和复杂，因此我必须把自己限制在几个方面。我将尽可能简短地描述相关的现象，但在讨论它们的含义时，我将描述得相当明确。

　　有鉴于此，我理解"神经症"这个词不是指情境性神经症，而是指性格型神经症，它始于童年早期，并且或多或少地包含了整体品格。

　　当我谈到对爱的病态需求时，我的意思是，在我们这个时代的每一种神经症中，几乎都能发现这个现象以不同的形式和不同程度的意识而存在，它表现为病态的人越来越需要爱、尊重和认可，需要得到帮助、建议和支持，以及对这些需求的挫折感越来越敏感。

　　正常的爱的需求和病态的爱的需求有什么不同？我把在

---

[1] 1936年12月23日在德国精神分析协会会议上的演讲，《对爱的病态需求》，载《精神分析季刊》，1937。

特定文化中常见的东西称之为正常。我们都想被爱，并且我们享受被爱。它丰富了我们的生活，而且带给我们幸福感。从这个意义上说，对爱的需要，或者更准确地说，对被爱的需要，并不是一种病态的表现。对病态的人而言，对爱的需求会增加。如果服务员或报摊老板不像平时那么友好，他的心情可能就会受到影响。当一个聚会上每个人都不友好时，他的心情也会受到影响。这种现象很普遍，所以我在此就不过多赘述了。正常的爱的需求和病态的爱的需求的区别可以表述如下：

对健康的人来说，被他所尊敬或所依赖的人爱、尊重和尊敬是很重要的，但对爱的病态需求是强迫性的、不分青红皂白的。

这些反应最容易在分析中观察到，因为在患者与分析师的关系中有一个区别于其他人际关系的特征。在分析中，分析师相对缺乏情感投入和患者的自由联想使得这些反应比在日常生活中更容易被观察到。

无论病态有多么不同，我们可以一次又一次地观察到被分析者愿意牺牲多少来获得分析师的认可，以及他对任何可能引起分析师不快的事情有多敏感。

在所有对爱的病态需求的表现中，我想强调一个在我们的文化中非常普遍的现象，那就是对爱的高估。我特别指的是一种病态的女性，只要没有一个爱她的人全心全意待她，或者没有人关心她，她就会感到不快乐、不安全和抑郁。

我还指的是那些想结婚的女人，对她们来说，结婚已经带有一种强迫的性质。她们一直盯着生命中的这一点——结婚，就像被催眠了一样，尽管她们自己完全没有能力去爱，而且她们与男人的关系也出了名的糟糕，这样的女性无法发挥她们的创造潜力和才能。

　　对爱的病态需求的一个重要特征是它的贪得无厌，这表现为一种极端的嫉妒："你必须只爱我！"我们可以在许多婚姻、恋爱和友谊中观察到这种现象。据我所知，嫉妒并不是一种基于理性因素的反应，而是贪得无厌的，并且要求只有自己被爱。

　　对爱的病态需求的另一种表达方式是渴求无条件的爱，这表达为"你必须爱我，不管我怎么表现"。这是一个重要的因素，尤其是在分析的开始。我们可能会得到这样的印象：患者的行为带有挑衅的意味，不是出于最初的攻击，而是在恳求："即使我的行为令人厌恶，你还会接受我吗？"这些患者对分析师的声音的细微差别都很反感，仿佛在说："你看，你终究受不了我。"对无条件的爱的需求也表现在他们要求自己被爱而不付出任何东西，就好像在说："爱一个会回报你的人很简单，但是让我们看看，如果你得不到任何回报，你是否爱我。"即使是患者必须付钱给精神分析师这一事实也向他证明，分析师的主要意图不是提供帮助，否则，他将不会从治疗患者中得到任何好处。甚至在他们的性生活中，他们可能会觉得，"你爱我只是因为你从我这里得到了性的满足"。伴侣必须通过牺牲自己的道德价值、名誉、金钱、时间等来证明他的真心，任何不符合这一绝对要求的行为都会被视为拒绝。

观察到病态的人对爱的贪得无厌的需求，我问自己，病态的人渴望的到底是爱情，还是物质利益。对爱的需求，也许只是一种表面现象，其实质意图是为了从另一个人那里得到一些东西，比如帮助、牺牲的时间、金钱或者是礼物等等？

这个问题不能笼统地回答。从真正渴望爱、尊重和帮助的人，到对爱似乎一点都不感兴趣，但想要利用和拿走他们所能得到的一切的神经症患者，个体之间存在着广泛的差异，在这两个极端之间有各种各样的过渡和细微的差别。

关于这一点，下面的评论可能是适当的，那些有意识地完全否定这一点的人会说："这种谈论爱情的说法是一派胡言，给我一些真实的东西！"这些人在很小的时候就感受到深深的痛苦，他们相信没有爱情这种东西，他们把它完全从生活中抹去了。通过对这些人的分析，我的假设似乎得到了证实。如果他们接受分析治疗的时间足够长，他们就会开始相信善良、友谊和爱是真实存在的。然后，就像在一个连通管或通讯系统中一样，他们对物质的贪得无厌的欲望和渴望消失了，一种真诚的被爱的渴望会显现出来，起初它是微妙的，然后越来越强烈。在某些情况下，对爱的贪得无厌的渴望与普遍的贪婪之间的联系可以被清楚地观察到。当这些表现出贪得无厌的神经症性格特征的人发展恋爱关系时，当这些关系随后因为内在原因而分手时，这些人可能会开始贪得无厌地吃东西，他们的体重可能会增加20磅或更多。当他们开始一段新的恋爱关系时，他们会减掉多余的体重，这个循环可能会重复很多次。

对爱的病态需求的另一个标志是对拒绝的极度敏感，这在具有歇斯底里的特征的患者中很常见，他们把所有的事情都看作是拒绝，并以强烈的仇恨来回应。我的一个患者养了一只猫，偶尔它不会对他的示爱做出反应。有一次，他勃然大怒地把猫扔到墙上。这是由拒绝引发的愤怒的典型例子，无论以什么形式拒绝。

对真实的或想象的拒绝的反应并不总是显而易见的，更多时候它是隐藏的。在分析中，隐藏的憎恨可能表现为缺乏生产力，怀疑分析治疗的价值，或者以某种其他形式来抵抗。患者可能会产生抗拒，因为他把一种解释看作是一种拒绝。虽然我们相信我们给了他一些现实的见解，但他从中只看到了批评和蔑视。

在患者身上，我们发现了一种不可动摇的信念，虽然是无意识的，但却令他深信世上没有爱情这种东西，通常他在童年时期遭受过严重的失望，这使他从生活中彻底地抹去了爱情、亲情和友谊。这种信念同时也是一种保护，能使他避免在实际生活中被拒绝的经历。举个例子：我的诊室里有一尊我女儿的雕塑，一位患者曾经问我——她承认她想问我这个问题已经很久了——我是否喜欢这个雕塑,我说:"因为它代表了我的女儿,所以我喜欢它。"由此这位患者被我的回答吓了一跳,虽然她自己并没有意识到,对她来说,爱与感情不过是些空话,她从来没有相信过。

这些患者通过预先设定出一个自己不被喜欢的假设来保护自己免于经历实际的拒绝,而另一些人则通过过度补偿来保护自己免受失望,他们把实际的拒绝扭曲成一种出于尊重的表达。最近,我和我的三个患者有这样的经历:一个患者敷衍地申请了一个职位,却被告知这份工作不适合他——这是典型的出于礼貌的美国人说"不"的方式,他把这解释为他太优秀而不适合这份工作。另一位患者幻想着,在疗程结束后,我会走到窗前目送她离开,后来她承认自己非常害怕被我拒绝。第三个患者是少数几个我不尊重的人之一,虽然他做的梦清晰地表明了他深信我看不起他,但他还是有意识地说服自己相信我非常喜欢他。

如果我们意识到这种对爱的病态的需求有多强烈,一个神经症的人愿意接受多少牺牲,以及为了被爱和受人尊敬,为了接受善良、建议和帮助,他会有多么非理性的行为,我们必须问自己,为什么他得到这些东西会如此困难。

因为他没有成功地获得他所需要的爱的深度和尺度。原因之一是他对爱的贪得无厌的需求,除了少数例外,没有什么是足够的。如果我们深入研究,就会发现隐含在第一个原因中的另一个原因,即神经症的人没有能力去爱。

定义爱情非常困难，在这里，我们可以满足于以非常普遍和非科学的术语来描述它，把它描述为一种自发地把自己奉献给他人、事业或想法，而不是以自我为中心地为自己保留一切。由于他早年被虐待而产生的焦虑和许多潜在的、公开的敌意，神经症的人通常不能做到这一点。在他的成长过程中，这些敌对行为大大地增多了。然而，出于恐惧，他一次又一次地压制它们。结果，要么因为他的恐惧，要么因为他的敌意，他无法献上自己，无法屈服。出于同样的原因，他不能真正为别人着想，他很少考虑别人能给予或想要给予多少爱、时间和帮助。因此，如果一个人有时候需要自己的空间，或者对其他的目标或其他的人花时间、感兴趣，他会认为这是一种有害的拒绝。

　　神经症的人通常意识不到自己没有能力去爱，他不知道他自己没有能力去爱，然而，意识是有程度之分的。有些神经症患者公开说："不，我不能爱。"然而，更常见的情况是，一个神经症的人生活在幻想中——他是一个伟大的爱人，并且他有特别强大的自我奉献能力。他会向我们保证："对我来说，为别人买东西很容易，但我却不能为自己做。"这并不像他认为的那样是出于母亲般的、关心他人的态度，而是由于其他因素。这可能是因为他对权力的渴望，或者是因为他的担心——若是自己对别人来说无用，别人就不会接受他。此外，他对自己不自觉地渴望的任何东西都有一种根深蒂固的抑制，并且抑制自己想要快乐的欲望。由于这些禁忌以及上述原因，神经症的人有时会为别人做一些事情，这就加强了他的幻想，即他可以去爱，实际上可以深爱。他坚持着这种自我欺骗，因为这样的自欺有一个重要的功能，就是为自己需要爱而辩护。如果他知道自己根本不关心别人，那么要求别人付出那么多的爱是站不住脚的。

这些想法帮助我们理解"伟大的爱"的幻觉，这是一个我今天无法深入探讨的问题。

我们已开始讨论为什么神经症的人很难得到他所渴望的情感、帮助、爱等等。到目前为止，我们已经发现两个原因：他的贪得无厌和他没有能力去爱，第三个原因是他非常害怕被拒绝。这种恐惧是如此之强烈，以至于他无法向别人提出问题，甚至无法做出一个友好的手势，因为他始终生活在恐惧之中，担心别人会拒绝他，他甚至可能因为害怕被拒绝而不敢送出礼物。

正如我们所看到的，真实的或想象的拒绝会在这些神经症的人身上引发出强烈的敌意。对拒绝的恐惧和他对拒绝的敌意使得他越来越退缩，在不那么严重的情况下，善良和友好可能会让神经症的人暂时感觉好一些，而更严重的神经症患者则无法接受任何程度的人间温情，他可能会被比作一个饥肠辘辘而双手却被绑在背后的人。他深信他不能被爱，这是一个不可动摇的信念。举个例子：我的一个患者想把他的车停在一家旅馆前，门卫上前来帮助他。但是当我的患者看到门卫走近时，他吓坏了，心想："天哪，我一定是把车停错地方了！"如果一个女孩很友好，他会把她的友好理解为讽刺。你们都知道，当你真诚地赞扬这样一位患者时，比如，称赞他很聪明，他会以为你的行为是出于治疗方面的考虑，并不是真心实意的，这种不信任或多或少是有意识的。

在与精神分裂症的患者接触时，友好能产生严重程度的焦虑。我的一个朋友在治疗精神分裂症方面有丰富的经验，他告诉我，有位患者偶尔会要求他再做一次治疗。我的朋友会做出一个生气的表情，看着他的预约簿，最后抱怨道："好吧，如果必须的话，来吧……"他这样做是因为他意识到自己友好的态度可能会给这些人带来焦虑，这种反应也经常发生在神经症患者身上。

请不要把爱和性混为一谈，一位女患者曾经告诉我："我对性没有任何恐惧，但我非常害怕爱。"事实上，她几乎连"爱"这个词都说不出来，她竭尽所能地与人保持内心的距离。她很容易进入性关系，甚至完全可以达到高潮。然而，在情感上，她与男人保持着很远的距离，用人们谈论汽车时可能用到的那种客观态度谈论他们。

对任何形式的爱的恐惧都值得详细讨论，重要的是，这些人通过把自己完全封闭起来以保护自己不受到对生活的巨大恐惧和基本焦虑的影响，他们通过克制自己来保持安全感。

部分原因是他们害怕依赖。实际上，由于这些人依赖他人的情感，就如同人需要呼吸氧气一样，因此他们陷入痛苦的依赖关系之中的危险确实非常大。他们更害怕任何形式的依赖，因为他们确信其他人对他们怀有敌意。

我们经常可以观察到，同一个人在他生命的某个时期是如何完全无助地依赖别人，而在另一个时期，他又是如何竭尽全力地抵御任何有类似依赖性的东西。一个年轻的女孩，在接受分析治疗之前，有过几次或多或少带有性爱特征的经历，所有这些恋爱都以极大的失望告终。在那些时候，她变得非常不快乐，沉浸在痛苦中，觉得她只能为这个特别的男人而活，仿佛没有他，她的整个生命就失去了意义。事实上，她和这些男人完全没有关系，对他们没有真正的感情。几次这样的经历之后，她的态度就变得截然相反，也就是，变成了过度焦虑地拒绝任何可能的依赖。为了避免任何来自依赖的危险，她把自己的感情完全封闭起来。她现在想要的只是男人在她的掌握之中，对她来说，有感情或表露感情是一种弱点，因此是可鄙的。这种恐惧的表现如下：她在芝加哥和我一起开始了分析治疗，然后我搬到了纽约，她没有理由不跟我一起去，因为她也可以在那里工作。然而，因为我去了纽约，这一事实令她非常不安，她骚扰了我三个月，抱怨纽约是个多么可怕的地方。她的动机是：永远不要屈服，不要为任何人做任何事，因为这已经意味着依赖，因此是危险的。

这些最重要的原因使得神经症的人很难找到满足，然而，我要简要地指出他有哪些途径可以实现这一目标，我在这里指的是你们都熟悉的因素。神经症的人获得满足的主要方式是：唤起对自己的爱的关注，请求怜悯，以及他的威胁。

第一种方式的意思可以表达为："我很爱你，所以，你也必须爱我。"其形式可能不同，但基本立场是相同的。这是恋爱关系中很常见的态度。

你们也很熟悉请求怜悯，这是以完全不相信爱情和对他人基本敌意的信念为前提的。在这种情况下，神经症的人觉得只有强调自己的无助、软弱和不幸，才能达成所愿。

最后一种方式是威胁，柏林有句谚语表达得很好："爱我，否则我就杀了你。"我们在分析和日常生活中经常看到这种态度。可能存在公然伤害自己或伤害他人的威胁、自杀的威胁、破坏一个人名誉的威胁等。然而，当一些人对爱的渴望得不到满足时，他们也可能是伪装的，例如以疾病的形式呈现。完全无意识的威胁有无数种表达方式，我们在各种关系中都能看到：恋爱、婚姻以及医患关系。

这种对爱的病态的需求，及其程度的强烈、强迫性和贪得无厌，如何能被理解呢？有许多可能的解释。它可以被认为只是一个幼稚的特征，但我不这样认为。与成年人相比，儿童确实更需要支持、帮助、保护和温暖，费伦茨在这方面写了一些很好的文章，这是因为孩子比成年人更无助。一个健康的孩子，是在一个受到良好对待、能感到自己受欢迎、真正有温暖的环境中长大的，这样的孩子对爱的需求并不是无法满足的。当他跌倒时，他可以去他的母亲那里得到安慰。然而，一个被母亲约束的孩子，他已经是神经症患者了。

人们也许会认为，对爱的病态的需求是一种"恋母情结"的表现。这似乎在他的梦里得到了证实，这梦直接或象征性地表达了他想要吮吸母亲乳房或想要回到子宫的愿望。这些人的早期成长的确表明，他没有从他的母亲那里得到足够的爱和温暖，或者，早在童年时期他就被类似地强制性地束缚在母亲身上。似乎在第一种情况下，对爱的病态需求是对母爱的持久渴望的表现，这在早期生活中并不是大量给予的。然而，这并不能解释为什么这些孩子如此执着地追求爱，而不去寻找其他可能的解决办法，比如，完全脱离人群。在第二种情况下，人们可能会认为这是对母亲的依赖的直接重复。然而，这种解释只是把问题推回到早期阶段，而没有澄清它。为什么这些孩子一开始就需要过分地依赖他的母亲，这仍然有待解释。在这两种情况下，这个问题都没有答案。是什么动态因素使我们在以后的生活中保持着童年时期养成的一种态度，或者使我们无法摆脱这种幼稚的态度？

在许多情况下，最明显的解释似乎是，对爱的病态需求是特别强烈的自恋特征的表现。正如我之前所指出的，这些人实际上是无法爱别人的，他们确实以自我为中心。然而，我认为，一个人在使用"自恋"这个词的时候应该非常谨慎，自爱和以焦虑为基础的自我中心有很大的不同。我心目中，神经症患者除了与自己保持良好的关系之外，什么都没有。一般来说，他们把自己当作最大的敌人，通常他们完全蔑视自己。正如我稍后将展示的那样，他们需要被爱，才能获得足够的安全感，并提升他们不安的自尊心。

另一种可能的解释是害怕失去爱，弗洛伊德认为这是女性的心理特质。在这种情况下，对失去爱的恐惧是非常大的。然而，我怀疑这种现象本身是否不需要解释。我相信，只有当我们知道一个人对被爱的重视程度时，我们才能理解它。

最后，我们必须问，对爱的需求的增加是否真的是一种性欲现象。弗洛伊德一定会给出肯定的回答，因为对他来说，爱本身就是一种目标——被抑制的性欲。不过，至少在我看来，这个概念还没有得到证实。人种学研究似乎表明，温柔和性之间的联系是相对较晚的文化习得。如果一个人把对爱的病态的需求看作是一种基本的性现象，那就很难理解为什么它也会发生在那些拥有令人满意的性生活的病态的人身上。此外，这一概念必然会使我们认为，性现象不仅是对爱的渴望，而且是对建议、保护和承认的渴望。

如果一个人把重点放在对爱的病态需求的贪得无厌上，根据力比多理论，整个现象就可以代表一种"口腔性爱迷恋"或"退化"的表现，这个概念的前提是愿意把非常复杂的心理现象归结为生理因素。我认为这一假设不仅站不住脚，而且使理解心理现象更加困难。

除了这些解释的有效性，他们都适用于这样一个事实，即他们只关注现象的某个特定方面，要么是对爱的渴望，要么是贪得无厌、依赖或以自我为中心，这使得人们很难从整体上看到这一现象。我在分析情境中的观察表明，所有这些多方面的因素只是一种现象的不同表现和表达。在我看来，如果把它看作是保护自己免受焦虑的一种方式，我们就能理解整个现象。事实上，这些人经受着增加的基本焦虑，他们的整个生活表明，他们无休止地寻找爱只是另一种减轻这种焦虑的尝试。

在分析情境中进行的观察清楚地表明，当患者受到来自某种特定焦虑的压力时，他们对爱的需求就会增加，而当他理解这其中的联系时，这种需求就会消失。因为在分析过程中，焦虑必然会被激起，所以患者一次又一次地试图依附分析者是可以理解的。例如，我们可以观察到，一个患者处在他对精神分析师压抑着的仇恨的压力之下，因此而充满焦虑，尤其是在这种情况下，他开始寻求分析师的友谊或关爱。我认为，在很大程度上，所谓的"积极移情"，也就是对父亲或母亲原有依恋的重复，其实是一种寻求安全感和保护以避免焦虑的欲望。它的格言是："如果你爱我，你就不会伤害我。"如果把不分青红皂白的选择和强迫性、贪得无厌的欲望看作是对这种安全需求的表达方式，这是可以理解的。我相信，如果认识到这些联系，并把它们的所有细节都揭示出来，那么患者很容易在分析中陷入依赖的情境是可以避免的。根据我的经验，如果一个人试图通过分析患者对爱的需求来保护自己免受焦虑的困扰，那么他就会更快地进入真正的焦虑问题的核心。

对爱的病态的需求常常表现为对分析师的性诱惑。患者要么通过他的行为，要么在他的梦中表达他爱上了精神分析师，他渴望某种形式的性介入。在某些情况下，对爱的需求主要，甚至完全地表现在性方面。要理解这一现象，我们应该记住，性欲不一定表达真正的性需求，但性也可能代表着与另一个人的一种接触形式。我的经验表明，对爱的病态需求越容易以性的形式表现出来，患者与他人的情感关系就越容易受到干扰。当性幻想、性梦等在分析初期出现时，我认为这是一个信号，表明这个人充满焦虑，他与别人的关系基本上很差。在这种情况下，性是少数的，或者可能是他与别人沟通的唯一桥梁。当患者对分析师的性欲被解释为一种基于焦虑的接触的需要时，这种欲望很容易消失，从而为克服本应得到缓解的焦虑开辟了道路。

这种联系有助于我们理解某些增加的性需求。简单地说一下这个问题：人们对爱的病态的需求是通过性来表达的，这是可以理解的，他们会倾向于开始一段又一段的性关系，就像被强迫的一样。这是必需的，因为他们与他人的关系太过混乱，无法在不同的层面上处理，这些人难以忍受禁欲也是可以理解的。到目前为止，我所说的关于那些有异性恋倾向的人的内容，也适用于同性恋或双性恋倾向的人。很多同性恋倾向，或者被解释为同性恋倾向的行为，实际上是对爱的病态需求的一种表达。

最后，焦虑和对爱的需求的增加之间的联系帮助我们更好地理解恋母情结的现象。事实上，所有对爱的病态需求的表现都可以在弗洛伊德描述的恋母情结中找到：对父母一方的依赖，对爱的贪得无厌，嫉妒，对被拒绝的敏感，以及被拒绝后的强烈憎恨。正如你们所知，弗洛伊德认为恋母情结是一种基本上是由系统发育决定的现象。然而，与成年患者打交道的经历让我们想知道，有多少儿童时期的这些反应——弗洛伊德观察得如此到位，是由焦虑引起，就像我们已经在后期的生活中看到的一样。从人种学的观察来看，认为恋母情结是一种由生物学决定的现象似乎是有问题的，伯姆和其他人已经指出了这一事实。那些与父母关系特别密切的神经症患者的童年病史总是显示出大量的此类因素，这些已知的因素会引起儿童的焦虑。从本质上讲，以下因素似乎在这些案例中共同起作用——敌意的唤起，这是由于恐惧和自尊心受挫同时存在而表现出来的。在这一点上，我不能详细解释为什么压抑的敌意容易导致焦虑。在一个非常普遍的情况下，可以说，焦虑产生于童年时期，因为孩子能够感觉到，表达他带有敌意的冲动将完全威胁到他的生存安全。

最后这句话并不是要否定恋母情结的存在和重要性。我的意思只是质疑这是否是一种普遍现象，以及它在多大程度上是受神经症的父母的影响而造成的。

最后，我想简单地说一下我所说的增加的基本焦虑是什么意思。从"生物焦虑"（对生物的害怕）的意义上说，它是一种普遍的人类现象。在神经症患者中，这种焦虑会增加，它可以简单地描述为在一个充满敌意和无法抵抗的世界里的一种无助的感觉。在很大程度上，个体并没有意识到这种焦虑，他只意识到一系列不同内容的焦虑：对雷雨的恐惧、对街道的恐惧、对脸红的恐惧、对传染的恐惧、对考试的恐惧、对铁路的恐惧，等等。当然，在每个特定的情况下，一个人为什么会有这种或那种特别的恐惧是严格确定的。然而，如果我们深入观察，我们会发现，所有这些恐惧的强度都源于潜在的基本焦虑的增加。

　　人们有不同的方法来保护自己免于经受这种基本的焦虑。在我们的文化中，以下是最常见的几种方式。第一种是对爱的病态的需求，它有句格言："如果你爱我，你就不会伤害我。"第二种是顺从——"如果你屈服了，总是做人们期望的事情，永远不要要求任何东西，永远不要反抗，那么就没有人会伤害我。"阿德勒，尤其是昆克尔描述了第三种方式，这是一种对权力、成功和财富的强迫性追求，其格言是："如果我更强大，更成功，那么你就不能伤害我。"第四种方式是为了安全和独立而在情感上远离人们，这种策略最重要的效果之一就是试图完全抑制情绪，使自己变得无懈可击。第五种方式是强迫性的财富积累，在这种情况下，财富的积累不服从于对权力的追求，而是独立于他人的愿望。

　　我们常常会发现，神经症的人并非只选择其中一种方式，而是试图通过不同的、往往是截然相反的方式来达到平息焦虑的目的。这就是导致他陷入无法解决的冲突之中的原因。在我们的文化中，最重要的神经症冲突是，在任何情况下都想成为第一的强迫性、不顾及他人的欲望，与同时需要被所有人爱之间的冲突。[1]

[1] 本文参考作者的著作《我们时代的神经症人格》，诺顿出版有限公司，1937。